俄罗斯数学精品译丛

"十二五"国家重点图书

Mathematical Analysis

数学分析

[俄] 庞特里亚金 编著

周概容 译

HITP

哈尔滨工业大学出版社

HARBIN INSTITUTE OF TECHNOLOGY PRESS

内 容 简 介

这本小册子供初学数学分析用. 它包括中学所讲授的数学分析各章节的全部内容. 书中讲述多项式的导数、三角函数的导数、指数函数和对数函数的导数. 积分定义为微分的逆运算、图形的面积及有穷和的极限. 书后附有各章的练习. 本书并不着意于讲述的严格性, 而是注意给学生以计算技巧的训练.

本书的对象是中学教师和高年级学生、师范院校数学专业的学生, 以及初学数学分析的读者.

本书的作者 Л·С·庞特里亚金(Л. С. Понтрясин)是著名数学家, 前苏联科学院院士, 莫斯科大学数学系教授.

图书在版编目(CIP)数据

数学分析/(俄罗斯)庞特里亚金编著;周概容译. ——
哈尔滨:哈尔滨工业大学出版社,2014.4
书名原文:Математический анализ
ISBN 978 - 7 - 5603 - 4087 - 6

Ⅰ.① 数…　Ⅱ.①庞…　②周…　Ⅲ.①数学分析 - 高
等学校 - 教材　Ⅳ.①O17

中国版本图书馆 CIP 数据核字(2013)第 106322 号

策划编辑	刘培杰　张永芹	
责任编辑	张永芹　王 慧	
封面设计	孙茵艾	
出版发行	哈尔滨工业大学出版社	
社　　址	哈尔滨市南岗区复华四道街 10 号　邮编 150006	
传　　真	0451 - 86414749	
网　　址	http://hitpress.hit.edu.cn	
印　　刷	哈尔滨市工大节能印刷厂	
开　　本	787mm×1092mm　1/16　印张 6　字数 63 千字	
版　　次	2014 年 4 月第 1 版　2014 年 4 月第 1 次印刷	
书　　号	ISBN 978 - 7 - 5603 - 4087 - 6	
定　　价	28.00 元	

这本小册子是给中学作数学分析课本用的,它包括各类教学大纲所规定的内容.本书不是从极限及其运算法则讲起,而是从切线和导数的概念讲起.书中把极限当作某种显而易见的东西,并且根据切线和导数的定义予以阐明;接着是求多项式的导数和三角函数的导数,给出函数之积与商的微分法则,以及复合函数的微分法则;此间证明了罗尔定理,导出了拉格朗日公式,并在此基础上对函数进行研究:讨论函数的递增区间和递减区间,求函数的极大值和极小值.积分是从三个不同的角度来定义的,即作为微分的逆运算、图形的面积以及有穷和的极限引进了积分.此后,深入地研究了函数 e^x.我们把函数 e^x 看作自然数 n 无限增大时多项式列 $(1+\dfrac{x}{n})^n$ 的极限,进而求出函数 e^x 和 $\ln x$ 的导数.在书后面为各节配备了练习题,这些题虽为数不多,但是有些是相当难的.本书着眼于计算技巧,而不追求逻辑上的严格.它是一种普及性读物,适用于数学分析的初步学习.由于我本人从未教过中学,在写本书时我所依据的只是一个成熟了的数学家的合理思维,以及我自己对中学时代接受数学分析的情景的回忆.尽管当时中学没有数学分析这门课程,然而在进大学之前我已经相当熟悉有关内容,知道什么叫导数和积分,并且学会用这些工具解题.然而当时我没有丝毫关于极限理论的概念,只有到大学我才知道极限理论的存在,这当时使我觉得非常惊奇.因此,我认为在中学讲数学分析不应从极限理论讲起.要知道极限理论在历史上是在数学分析出现之后很久才形成的.深入研究极限和连续函数之类的东西会使学生感到枯燥无味,甚至感到厌烦.记得在上中学时,当我在一份分析材料中读到关于连续函数遍取一切中间值的定理证明时,使我感到莫名其妙.把函数的图象看作经过精细加工制成的金属薄板的光滑边缘,这是一般人都能接受的.如果这样想象函数的图象,那么就可以把图象凸部位的切线看作紧贴金属板边缘的直尺的边缘,从而无论对切线的存在还是对导数的存在都不致产生怀疑,因而也就不会怀疑积分的存在了.我希望中学生在学几何时,把三角形看作特制的金属薄板,因此可以把它拿在手中,把它从一个地方挪动到另一个地方,并且可以任意翻转.这不是说应当这样来定义三角形,而是说应当这样来想象三角形.我认为讲述数学分析应从切线和导数的定义讲起,而不应从极限的定义讲起.

我觉得中学教学大纲只应包括第 1 章到第 7 章的内容.至于第 8 章到第 10 章深入地讲述函数 e^x,有些过于繁杂,不过鉴于教学大纲的要求,我还是这样讲了.同样,为适应教学大纲的要求,我在后记(第 13 章)中写了有关极限和连续函数的内容.

对于这本小册子的编写和校对工作,B. P. Телеснин 曾给予很大帮助,我在此对他表示感谢.

庞特里亚金

2

◎

目

录

导　数

函数的导数在函数的研究中起着重要作用. 假设

$$y = f(x) \tag{1}$$

是一给定的函数. 那么可以求出一个函数 $f'(x)$, 称作函数 $f(x)$ 的导数, 用它的值表征变量 y 随变量 x 变化而变化的速度. 当然这并不是导数的定义, 而只不过是导数概念的一种直观描述. 现在讨论一种特殊情形, 以充实这种描述. 如果函数关系(1)是正比例关系 $y = kx$, 那么 y 对于 x 的变化速度自然为 k, 即这时应有 $f'(x) = k$. 导数在这里有明显的力学意义. 如果把 x 看成时间, 而把 y 看成在这一段时间内某质点所走过的路程, 则 k 就是质点运动的速度. y 相对 x 的变化速度 $f'(x)$ 在这里是一常数, 但是当式(1)表示 y 对变量 x 更为复杂的依赖关系时, 导数 $f'(x)$ 本身也是变量 x 的函数.

导数常用于物理过程的研究. 对于这些物理过程, 各种不同的物理量随时间的流逝而变化, 而它们的变化速度起着重要作用. 不过, 我们从导数的几何应用开始, 并以此为例来更加确切地说明导数的概念.

导数和切线　我们在某笛卡儿直角坐标系中描出由式(1)给出的函数 $f(x)$ 的图象. 一般, 为此首先在平面上引一条水平的横坐标轴并选自左而右的方向为其正向, 然后再画一条铅直的纵坐标轴并选自下而上的方向为其正向(图 1). 在此坐标系中, 函数的图象是一条曲线. 我们用 L 表示该曲线. 现在提出如下问题:从理论上定义曲线 L 在它的某一点 M 上的切线, 并求

第 1 章

1

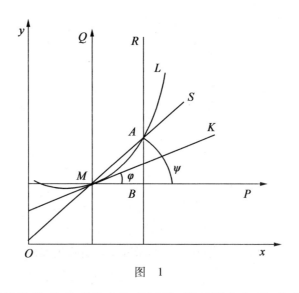

图 1

出决定这条切线的量. 为从理论上定义切线,暂时固定点 M,并在点 M 的邻近处取不同于它的一动点 A. 过点 M 和 A 引一直线 S. 我们称直线 S 为曲线 L 的**割线**,因为它与曲线 L 在 M 和 A 两个点上相交. 曲线 L 上的动点 A 可能位于点 M 的左侧也可能位于它的右侧. 现在沿着曲线 L 移动点 A,使之无限地接近点 M. 当动点 A 沿曲线 L 向点 M 移动时,如果过定点 M 和动点 A 的割线 S 不断变换位置并无限接近某过点 M 的直线 K,那么就称这条直线 K 为曲线 L 在点 M 的**切线**. 这时,要求直线 K 与动点 A 与从定点 M 的左侧还是右侧接近 M 点无关. 当点 A 沿曲线 L 向点 M 运动时,如果割线不靠近任何一个确定的位置 K,则曲线 L 在点 M 没有切线. 切线 K 总是过一固定的点 M. 如果直线 K 不与纵坐标轴平行,则为求它对横坐标轴的倾角 φ,只需求 $\tan \varphi$.

假设 ψ 是割线 S 对横坐标轴的倾角. 为求 $\tan \varphi$,我们首先来求 $\tan \psi$. 点 M 的横坐标和纵坐标分别记作 x 和 y 且

$$M = (x, y) \tag{2}$$

因为点 M 位于函数 $f(x)$ 的图象 L 上,式(2)中的 y 和 x 满足关系式(1). 类似地以 ξ 和 η 表示点 A 的横坐标和纵坐标,即

$$A = (\xi, \eta) \tag{3}$$

同样,因为 A 位于函数 $f(x)$ 的图象上,故 ξ 和 η 满足关系式

$$\eta = f(\xi) \tag{4}$$

现在过点 M 引两条直线:一条水平直线 P 和一条铅直直线 Q. 这两条直线分别与原坐标系的横坐标轴和纵坐标轴平行. 在这两条直线上分别选与相应的原坐

标轴一致的方向为其正向. 若以直线 P 和 Q 分别为横轴和纵轴, 以 M 为原点, 就可以在函数图象的平面上决定一个新的坐标系. 因为割线 S 不会是铅直的, 所以选自左而右的方向为其正向不致产生疑问. 由于新横坐标轴与原横坐标轴平行, 所以角 ψ 等于直线 P 的正向与直线 S 的正向之间的夹角. 角 ψ 小于直角, 但它既可能是正的, 也可能是负的. 以 P 和 Q 为轴以 M 为原点的新坐标系把平面分成四个象限. 如果割线 S 的正向自第三象限指向第一象限, 则角 ψ 为正;如果割线 S 的正向自第二象限指向第四象限, 则角 ψ 为负. 点 A 在新坐标系下的横坐标和纵坐标分别等于

$$(\xi - x) \text{ 和 } (\eta - y) \tag{5}$$

为求角 ψ, 过点 A 引一条直线 R 与纵坐标轴平行. 假设 B 是直线 R 与直线 P 的交点. 看直角三角形 ABM, 其中 B 是直角的顶点. 如果不考虑角 ψ 的符号, 则它等于直角三角形 ABM 中以 M 为顶点的 $\angle AMB$. 角 ψ 的正切等于直角边 AB 的长 $l(AB)$ 与直角边 MB 的长 $l(MB)$ 之比值. 于是, 得计算公式

$$|\tan \psi| = \frac{l(AB)}{l(MB)} \tag{6}$$

长度 $l(AB)$ 等于新坐标系下 A 点之纵坐标的绝对值, 即 $l(AB) = |\eta - y|$ (见式(5)). 同样, 长度 $l(MB)$ 等于新坐标系下 A 点之横坐标的绝对值, 即 $l(MB) = |\xi - x|$. 从而, 由式(6)得

$$|\tan \psi| = \frac{|\eta - y|}{|\xi - x|} \tag{7}$$

现在证明

$$\tan \psi = \frac{\eta - y}{\xi - x} \tag{8}$$

为此我们指出, 如果点 A 位于第一或第三象限, 则它的横坐标和纵坐标同号, 从而式(8)右侧的量为正. 而这时 $\tan \psi$ 的值也为正, 因为角 ψ 的值是正的. 假如 A 点位于第二或第四象限, 则它的横坐标和纵坐标(见式(5))的符号相反, 因此式(8)右侧的量为负. 但这时 $\tan \psi$ 的值也为负, 因为这时角 ψ 的值是负的. 于是式(8)得证. 根据式(1)和式(4)两式, 在式(8)中把 y 和 η 分别换成 $f(x)$ 和 $f(\xi)$, 得

$$\tan \psi = \frac{f(\xi) - f(x)}{\xi - x} \tag{9}$$

当点 A 无限地接近于点 M 时, 它的横坐标 ξ 无限地接近点 M 的横坐标 x. 我们用

$$\xi \to x \tag{10}$$

来表示这一事实. 为求 $\tan \varphi$ 的值, 我们需要求当 $\xi \to x$ 时, $\tan \psi$ 所趋向(无限地

接近)的值. 这可以用式子写成

$$当 \xi \to x \text{ 时}, \tan \psi \to \tan \varphi \tag{11}$$

在高等数学中把上边的两个式子写成一个式子, 即

$$\lim_{\xi \to x} \tan \psi = \tan \varphi \tag{12}$$

如果把该式中的 $\tan \psi$ 换成式(9)右侧的量, 则式(12)有如下形式

$$\tan \varphi = \lim_{\xi \to x} \frac{f(\xi) - f(x)}{\xi - x} \tag{13}$$

以上两式中的符号 $\lim$ 是拉丁语词 limit 的缩写, 其中文含义是"极限".

为严格地讲述式(13)中对于分式

$$\frac{f(\xi) - f(x)}{\xi - x} \tag{14}$$

所作的运算, 我们理应确切地定义符号"$\to$"的含义, 即说明一变量趋向某常数的含义. 但是, 我们在这里仅局限于对这一过程直观的理解. 注意, 在式(14)中不能简单地令 $\xi = x$, 因为这样分子和分母将同时为 0. 因而必须讨论变量 ξ 接近常数 x 的过程, 并且考察变量(14)的变化情况.

为通过简单的例子来说明极限过程的概念, 我们看函数 $f(x)$ 为

$$y = f(x) = x^2 \tag{15}$$

的情形.

这时式(14)中的分式为

$$\frac{f(\xi) - f(x)}{\xi - x} = \frac{\xi^2 - x^2}{\xi - x} = \xi + x \tag{16}$$

在该等式的右侧已经可以把 ξ 换成 x. 这时不会得到毫无意义的比 $\frac{0}{0}$. 因此, 对于这一特殊的情形, 有

$$\lim_{\xi \to x} \frac{\xi^2 - x^2}{\xi - x} = \lim_{\xi \to x} (\xi + x) = 2x \tag{17}$$

于是, 我们证明了, 当 $\xi \to x$ 时, 有

$$\frac{\xi^2 - x^2}{\xi - x} \to 2x \tag{18}$$

即

$$\lim_{\xi \to x} \frac{\xi^2 - x^2}{\xi - x} = 2x \tag{19}$$

对于任一函数 $f(x)$, 称

$$\lim_{\xi \to x} \frac{f(\xi) - f(x)}{\xi - x} \tag{20}$$

为它在 x 点的**导数**,记作 $f'(x)$. 这样,根据定义,有

$$f'(x) = \lim_{\xi \to x} \frac{f(\xi) - f(x)}{\xi - x} = \tan\varphi \qquad (21)$$

(见式(13)).

可能出现这样的情形:当 $\xi \to x$ 时,式(14)中的量不趋向于任何极限. 这时, 我们说函数 $f(x)$ 在 x 点没有导数.

于是,由式(19)可见,对于由式(15)给出的函数,有

$$f'(x) = 2x \qquad (22)$$

应当注意,在式(21)中我们并没有单独讨论 A 从左侧接近 M 和 A 从右侧 接近 M 这两种情形. 前者 ξ 趋向于 x 时不断减小,而后者 ξ 趋向于 x 时不断增 大. 对于 ξ 趋向 x 的这两种方式,求导数所得结果应该是完全相同的. 也只有这 时才认为导数在 x 点是存在的.

如果直线 K 铅直,则当 $\xi \to x$ 时 $\tan\psi$ 无限增大. 因此,这时式(14)中的比 值无限增大,从而不趋向于任何极限. 于是,函数在该点导数不存在. 不过,有时 根据习惯也说函数在该点导数为无穷大. 综上所述,可见函数 $f(x)$ 在 M 点的导 数存在,而且仅当曲线 L 在 M 点有切线 K,而且切线不是铅直的. 然而,不难指 出这样的函数,在 ξ 从左侧趋向 x 时和 ξ 从右侧趋向 x 时,由式(14)将得到不 同的结果. 作为例子,我们看由方程

$$y = f(x) = |x| + x^2 \qquad (23)$$

所决定的函数. 我们来求此函数在点 $x = 0$ 处的导数. 这时,我们有

$$\frac{f(\xi) - f(0)}{\xi - 0} = \frac{|\xi| + \xi^2}{\xi} = \frac{|\xi|}{\xi} + \xi \qquad (24)$$

当 $\xi > 0$ 时,$|\xi| = \xi$;当 $\xi < 0$ 时,$|\xi| = -\xi$. 因而,有

$$\frac{|\xi|}{\xi} = 1, \text{若} \xi > 0 \qquad (25)$$

和

$$\frac{|\xi|}{\xi} = -1, \text{若} \xi < 0 \qquad (26)$$

这样,当 $\xi > 0$ 时,有

$$\lim_{\xi \to 0} \frac{|\xi| + \xi^2}{\xi} = +1 \qquad (27)$$

而当 $\xi < 0$ 时,有

$$\lim_{\xi \to 0} \frac{|\xi| + \xi^2}{\xi} = -1 \qquad (28)$$

从而,式(24)中变量的极限与 ξ 是从左侧接近于 0 还是从右侧接近于 0 有关. 这时认为该函数(见式(23))在点 $x = 0$ 处没有导数,而它的图象在相应的点上

没有切线. 在许多更复杂的场合式(21)不能决定 $f'(x)$ 的值.

求函数 $f(x)$ 的导数的运算(见式(21))有时称作对函数 **$f(x)$ 微分**, 而在 x 点有导数的函数称作在点 **x 可微的**. 我们以后所考虑的函数, 除了在个别点上的导数可能为无穷大之外, 在一切点上都是可微的.

在以后的叙述中, 如果不特别说明, 则认为所考虑的每一个函数在一切点上都可微. 只有当导数在个别一些点上为无穷大时, 我们才特别说明.

函数的连续性 我们现在略微改变一下式(21)的形状.

令

$$k = k(\xi) = \frac{f(\xi) - f(x)}{\xi - x} \tag{29}$$

那么, 由式(21)有

$$f'(x) = \lim_{\xi \to x} k(\xi) \tag{30}$$

由式(29)不能决定 $k(x)$ 的值. 如果令 $k(x) = f'(x)$, 那么 $k(x)$ 的值就确定了. 由式(29)可见

$$f(\xi) - f(x) = k(\xi)(\xi - x) \tag{31}$$

其中 $k(\xi)$ 满足条件(30). 这里, 当 $\xi = x$ 时, 式(31)仍然成立. 我们称差 $\xi - x$ 为**自变量的增量**, 称差 $f(\xi) - f(x)$ 为**函数的增量**.

在式(31)两侧令 $\xi \to x$ 时取极限, 得

$$\lim_{\xi \to x} [f(\xi) - f(x)] = \lim_{\xi \to x} k(\xi) \cdot \lim_{\xi \to x} (\xi - x)$$
$$= f'(x) \cdot 0 = 0$$

由此可见

$$\lim_{\xi \to x} f(\xi) = f(x) \tag{32}$$

如果对于给定的 x, 函数 $f(x)$ 满足式(32), 就说它在点 x 处**连续**. 如果函数对于自变量 x 的一切值都连续, 就说它是**连续函数**. 这样, 我们证明了, 如果函数 $f(x)$ 在点 x 有导数, 则它在该点连续. 而如果函数可微(即它对于 x 的一切值可微), 则它一定是连续函数.

多项式导数的求法

我们在这一章中求任意形如

$$y = f(x) = a_0 x^n + a_1 x^{n-1} + \cdots + a_{n-1}x + a_n \qquad (1)$$

的函数的导数,即求以常数 $a_0, a_1, \cdots, a_{n-1}, a_n$ 为系数的 x 的多项式的导数. 这里使用稍加改变的记号来表示函数 $f(x)$ 的导数 $f'(x)$ 往往更加方便. 具体地说,我们有时用 $[f(x)]'$ 来表示 $f(x)$ 的导数,即

$$f'(x) = [f(x)]' \qquad (2)$$

基于上面的表示法,由第 1 章的式(15)和式(22),可见

$$(x^2)' = 2x$$

我们首先来求最简单的 n 次多项式,即只含 x^n 一项的多项式

$$y = f(x) = x^n \qquad (3)$$

的导数. 为求函数(3)的导数,我们利用代数中一个非常简单但是十分重要的公式. 下面来证明这个公式(见式(9)).

为写出并证明这个代数公式,我们引进两个变量 u 和 v 的多项式,即

$$\varphi_k(u,v) = u^k + u^{k-1}v + \cdots + uv^{k-1} + v^k \qquad (4)$$

多项式 $\varphi_k(u,v)$ 是一切形如 $u^i v^j$ 的单项式之和,其中 i 和 j 是非负整数,满足条件 $i+j=k$.

将 $\varphi_k(u,v)$ 乘以 u,得多项式

$$\varphi_k(u,v) \cdot u \qquad (5)$$

它是一切形如 $u^{i+1}v^j$ 的单项式之和,其中 i 和 j 是非负整数,满足 $i+j=k$. 这样,多项式(5)是一切形如 $u^p v^q$ 的单项式之和,其

中 p 和 q 是非负整数,满足条件

$$p \geq 1, p + q = k + 1$$

因此,除 v^{k+1} 一项外,多项式(5)包含多项式 $\varphi_{k+1}(u, v)$ 的一切项. 从而,有

$$\varphi_k(u, v) \cdot u = \varphi_{k+1}(u, v) - v^{k+1} \tag{6}$$

同样,将 $\varphi_k(u, v)$ 乘以 v,得

$$\varphi_k(u, v) \cdot v = \varphi_{k+1}(u, v) - u^{k+1} \tag{7}$$

由等式(6)减等式(7),得

$$\varphi_k(u, v)(u - v) = u^{k+1} - v^{k+1} \tag{8}$$

在该式中把 $k+1$ 换成 n,然后除以 $u-v$,即可得所求的重要公式

$$\frac{u^n - v^n}{u - v} = \varphi_{n-1}(u, v) \tag{9}$$

其中 $\varphi_{n-1}(u, v)$ 为

$$\varphi_{n-1}(u, v) = u^{n-1} + u^{n-2}v + \cdots + uv^{n-2} + v^{n-1} \tag{10}$$

注意,这里 $n \geq 1$,因为 $n = k+1$,而 $k \geq 0$;$\varphi_{n-1}(u, v)$ 恰好有 n 项.

有了公式(9),可以很容易地求出函数 x^n 的导数. 根据第 1 章所讲的规则(见第 1 章,式(21)),为求 x^n 的导数首先写出比

$$\frac{\xi^n - x^n}{\xi - x} \tag{11}$$

然后当 $\xi \to x$ 时求出它的极限. 由代数公式(9)知,当 $n \geq 1$ 时有

$$\frac{\xi^n - x^n}{\xi - x} = \xi^{n-1} + \xi^{n-2}x + \cdots + \xi x^{n-2} + x^{n-1} \tag{12}$$

此式右侧恰好有 n 项. 为当 $\xi \to x$ 时求极限,只要把等式(12)右侧的 ξ 换成 x 就可以了. 这样,由式(12)的每一项 $\xi^i x^j (i + j = n - 1)$ 都得 x^{n-1}. 于是,有

$$(x^n)' = \lim_{\xi \to x} \frac{\xi^n - x^n}{\xi - x} = nx^{n-1}$$

从而,对于 $n \geq 1$,有

$$(x^n)' = nx^{n-1} \tag{13}$$

由于公式(9)只对于 $n \geq 1$ 成立,故在利用公式(9)证明公式(13)时我们必须排除 $n = 0$ 的情形. 因此我们尚需求出函数 $x^0 = 1$ 的导数. 现在,对于任意常

数 c,求函数 $f(x)=c$ 的导数. 有

$$\frac{f(\xi)-f(x)}{\xi-x}=\frac{c-c}{\xi-x}=0$$

从而,有

$$c'=0 \tag{14}$$

即常数的导数等于 0.

为由最简单的多项式 x^n 过渡到一般多项式(1),我们现在证明求导数的两个一般法则:两函数之和的导数以及函数与常数相乘积的导数的求法. 现将两个法则表述如下:

(1)假设 $f_1(x)$ 和 $f_2(x)$ 是两个函数,那么

$$[f_1(x)+f_2(x)]'=f_1'(x)+f_2'(x) \tag{15}$$

即两个函数之和的导数等于它们的导数之和.

(2)假设 c 是一常数,$f(x)$ 是某一函数,那么

$$[cf(x)]'=cf'(x) \tag{16}$$

即一函数与一常数相乘积的导数等于函数的导数与该常数的乘积.

首先证明法则(15). 有

$$[f_1(x)+f_2(x)]'=\lim_{\xi\to x}\frac{f_1(\xi)+f_2(\xi)-[f_1(x)+f_2(x)]}{\xi-x}=$$

$$\lim_{\xi\to x}\left[\frac{f_1(\xi)-f_1(x)}{\xi-x}+\frac{f_2(\xi)-f_2(x)}{\xi-x}\right]=$$

$$\lim_{\xi\to x}\frac{f_1(\xi)-f_1(x)}{\xi-x}+\lim_{\xi\to x}\frac{f_2(\xi)-f_2(x)}{\xi-x}=$$

$$f_1'(x)+f_2'(x)$$

于是法则(15)得证.

同理可证法则(16). 有

$$[cf(x)]'=\lim_{\xi\to x}\frac{cf(\xi)-cf(x)}{\xi-x}=\lim_{\xi\to x}c\cdot\frac{f(\xi)-f(x)}{\xi-x}=$$

$$c\lim_{\xi\to x}\frac{f(\xi)-f(x)}{\xi-x}=cf'(x)$$

从而法则(16)得证.

由法则(15)和法则(16)可以导出一个更一般的法则. 假设有 m 个函数 $f_1(x), f_2(x), \cdots, f_m(x)$ 和 m 个常数 $c_1, c_2, \cdots, c_m$. 那么,有下面的求导数法则

$$[c_1 f_1(x) + c_2 f_2(x) + \cdots + c_m f_m(x)]' =$$
$$c_1 f'(x) + c_2 f_2'(x) + \cdots + c_m f_m'(x) \tag{17}$$

我们用数学归纳法来证明法则(17). 对 $m = 1$,法则(17)即法则(16). 其次,由法则(15),可见

$$[c_1 f_1(x) + c_2 f_2(x) + \cdots + c_m f_m(x)]' =$$
$$[c_1 f_1(x) + \cdots + c_{m-1} f_{m-1}(x)]' + [c_m f_m(x)]' =$$
$$c_1 f_1'(x) + \cdots + c_{m-1} f_{m-1}'(x) + c_m f_m'(x)$$

这里我们利用了数学归纳法的假设:法则(17)对于 $m-1$ 个函数成立. 于是,法则(17)得证.

利用法则(17),(13)和法则(14),即可以求出任意多项式(1)的导数. 有

$$(a_0 x^n + a_1 x^{n-1} + \cdots + a_{n-1} x + a_n)' =$$
$$a_0 (x^n)' + a_1 (x^{n-1})' + \cdots + a_{n-1}(x)' + a'_n =$$
$$na_0 x^{n-1} + (n-1) a_1 x^{n-2} + \cdots + a_{n-1}$$

这样,任意多项式(1)的导数的求法最后可以表示为

$$(a_0 x^n + a_1 x^{n-1} + \cdots + a_{n-1} x + a_n)' =$$
$$na_0 x^{n-1} + (n-1) a_1 x^{n-2} + \cdots + a_{n-1} \tag{18}$$

函数的极大值和极小值——
罗尔定理和拉格朗日定理

第 3 章

由导数的定义就可以看到,导数是研究函数的有力工具. 例如,倘若已知函数 $f(x)$ 在 x 点的导数 $f'(x) > 0$,则直观上显然函数在该点的邻近递增. 这一点由导数的几何意义也是显而易见的,因为这时函数图象在点 x 的邻近点上切线的正向指向右上方. 导数 $f'(x) < 0$ 的情形也类似. 这时,函数 $f(x)$ 在 x 点的邻近递减在直观上也是显然的,因为函数图象在 x 点的邻近点上切线的正向指向右下方. 我们现在确切地讲述导数的这些性质.

导数的符号 由第 1 章的式(31)和式(30)两式,知

$$f(\xi) - f(x) = k(\xi)(\xi - x) \tag{1}$$

且

$$\lim_{\xi \to x} k(\xi) = f'(x) \tag{2}$$

如果 $f'(x) \neq 0$,则当 ξ 充分接近 x 时,$k(\xi)$ 与 $f'(x)$ 同号. 更确切地说,存在一充分小的正数 ε,使得当

$$|\xi - x| < \varepsilon \tag{3}$$

时,$k(\xi)$ 的符号与 $f'(x)$ 的符号相同. 等式(1)右侧的符号依赖于它的两个因子 $k(\xi)$ 和 $\xi - x$ 的符号. 为尽量简短地概括这里可能出现的全部四种情形,我们在满足条件(3)的 ξ 的值中任意选出 ξ_1 和 ξ_2 两个值,使 ξ_1 位于 x 的左侧,而 ξ_2 位于 x 的右侧. 这样,ξ_1 和 ξ_2 两个数值满足条件

$$x - \varepsilon < \xi_1 < x < \xi_2 < x + \varepsilon \tag{4}$$

注意到 $k(\xi)$ 与导数 $f'(x)$ 同号,并考虑到式(1)右侧的符号,我们可以写出如下两个关系式

$$f(\xi_1) < f(x) < f(\xi_2), \text{若} f'(x) > 0 \tag{5}$$

11

$$f(\xi_1) > f(x) > f(\xi_2), \text{若} f'(x) < 0 \tag{6}$$

对于式(5)和式(6)两式可以作如下说明:

当 $f'(x) > 0$ 时,函数 $f(x)$ 在 x 点之左侧邻近点的值小于它在 x 点的值,而 $f(x)$ 在 x 点之右侧一切邻近点的值大于它在 x 点的值. 换句话说,函数 $f(x)$ 在 x 点递增(这时,称点 x 为函数 $f(x)$ 的上升点).

当 $f'(x) < 0$ 时,函数 $f(x)$ 在 x 点之左侧邻近点的值大于它在 x 点的值,而 $f(x)$ 在 x 点之右侧一切邻近点的值小于它在 x 点的值. 换句话说,函数 $f(x)$ 在 x 点递减(这时,相应地称点 x 为函数 $f(x)$ 的下降点).

注意,如果函数 $f(x)$ 在 x 点递增,即它满足不等式(5),则比值 $\dfrac{f(\xi) - f(x)}{\xi - x}$ 大于 0. 当 $\xi \to x$ 时,此比值虽然保持大于 0,但是它可能趋向 0. 因而在函数 $f(x)$ 的上升点 x 上(见式(5)),$f'(x)$ 的值未必大于 0,它一般只是非负的,即

$$f'(x) \geq 0 \tag{7}$$

同理,在函数 $f(x)$ 的下降点 x 上(见式(6)),导数 $f'(x)$ 未必小于 0,它也可能等于 0. 因此,在函数 $f(x)$ 的下降点上一般满足不等式

$$f'(x) \leq 0 \tag{8}$$

极大值和极小值　我们说函数 $f(x)$ 在 x 点有**局部极大值**,如果它在一切离 x 点充分近的点上的值都小于或等于它在点 x 的值,更确切地说,如果存在一充分小的正数 ε,使对于一切满足 $|\xi - x| < \varepsilon$ 的 ξ,有

$$f(\xi) \leq f(x) \tag{9}$$

同样,我们说函数 $f(x)$ 在 x 点有**局部极小值**,如果它在离 x 点充分近的一切点上的值都大于或等于它在点 x 的值,确切地说,如果存在一充分小的正数 ε,使对于一切满足 $|\xi - x| < \varepsilon$ 的 ξ,有

$$f(\xi) \geq f(x) \tag{10}$$

在叙述中通常省略"局部"二字,并简称为极大值和极小值.

可以证明,函数 $f(x)$ 在其极大值点和极小值点上的导数等于 0,即

$$f'(x) = 0 \tag{11}$$

事实上,函数 $f(x)$ 在极大值点上的导数不可能大于 0,因为当 $f'(x) > 0$ 时,函数在 x 右侧邻近点上的值必大于它在点 x 上的值(见式(5)),因而点 x 不会是极大值点. 同理,函数 $f(x)$ 在极大值点上的导数不可能小于 0,因为当 $f'(x) < 0$ 时,函数在 x 左侧邻近点上的值必大于它在点 x 上的值(见式(6)). 因此只有等式(11)这一种可能,即 $f'(x) = 0$.

同样,函数 $f(x)$ 在极小值点上的导数 $f'(x)$ 不可能大于 0,否则函数在 x 左侧邻近点的值必小于它在 x 点的值(见式(5)). 同理,函数 $f(x)$ 在极小值点上的导数 $f'(x)$ 不可能小于 0,否则函数在 x 点右侧邻近点的值必小于它在 x 点

的值(见式(6)). 于是,只有等式(11)这一种可能,即 $f'(x)=0$.

这样一来,为求使函数达到极大值或极小值的自变量 x 的值(即极大值点或极小值点),只需要考察满足等式(11)的一切 x 值,然后再仔细判断函数在这些点上是否真有极大值或极小值.

罗尔定理 假设 $x_1 < x_2$,当 $x = x_1$ 和 $x = x_2$ 时,函数 $f(x)$ 的值相等,即

$$f(x_1) = f(x_2) \tag{12}$$

而且函数 $f(x)$ 在整个区间 $[x_1, x_2]$ 上有定义,那么在此线段之内可以找到这样一个值 θ,使

$$f'(\theta) = 0 \tag{13}$$

注意,这里 θ 是区间 $[x_1, x_2]$ 之内的一个值,指 θ 位于 x_1 和 x_2 之间,既不等于 x_1 也不等于 x_2.

现在证明这一事实. 如果函数在整个区间 $[x_1, x_2]$ 上为常数,则对于区间之内的任何一点 θ 都有 $f'(\theta) = 0$(见第 2 章,(14)). 假如函数在此区间上不是常数,那么下面的两种情形至少有一种成立:

情形 1 函数 $f(x)$ 在区间 $[x_1, x_2]$ 某些点上的值大于它在两个端点上的值;

情形 2 函数 $f(x)$ 在区间 $[x_1, x_2]$ 某些点上的值小于它在两个端点上的值.

在第一种情形下,函数 $f(x)$ 在区间 $[x_1, x_2]$ 之内的某一点 θ 有极大值,这时等式(13)成立(见式(11)). 在第二种情形下,函数 $f(x)$ 在区间 $[x_1, x_2]$ 之内某一点 θ 有极小值,那么等式(13)成立(见式(11)). 从而,罗尔定理得证.

下面的拉格朗日公式是罗尔定理的直接推论.

函数有限增量的拉格朗日公式 假设 $x_1 < x_2$,函数 $f(x)$ 在整个区间 $[x_1, x_2]$ 上有定义. 那么在区间 $[x_1, x_2]$ 之内存在一值 θ,使

$$f(x_2) - f(x_1) = f'(\theta)(x_2 - x_1) \tag{14}$$

为证明上述命题,我们设计一个线性函数

$$g(x) = \frac{f(x_2) - f(x_1)}{x_2 - x_1} x \tag{15}$$

并证明函数

$$f(x) - g(x) \tag{16}$$

满足罗尔定理的条件,即它在点 x_1 和点 x_2 上的值相等. 事实上,有

$$g(x_2) - g(x_1) =$$
$$\frac{f(x_2) - f(x_1)}{x_2 - x_1} x_2 - \frac{f(x_2) - f(x_1)}{x_2 - x_1} x_1 =$$
$$f(x_2) - f(x_1) \tag{17}$$

其次,有

$$[f(x_2) - g(x_2)] - [f(x_1) - g(x_1)] =$$
$$[f(x_2) - f(x_1)] - [g(x_2) - g(x_1)] = 0 \qquad (18)$$

(见式(17)). 因此,有

$$f(x_2) - g(x_2) = f(x_1) - g(x_1) \qquad (19)$$

即函数(16)在区间$[x_1, x_2]$的两端上取相同的值. 从而由罗尔定理知,在区间$[x_1, x_2]$之内存在一点θ,使得当$x = \theta$时,有

$$[f(x) - g(x)]' = 0 \qquad (20)$$

此外,有

$$g'(x) = \frac{f(x_2) - f(x_1)}{x_2 - x_1} \qquad (21)$$

从式(20)和式(21)两式可见

$$0 = f'(\theta) - g'(\theta) = f'(\theta) - \frac{f(x_2) - f(x_1)}{x_2 - x_1}$$

将该式两侧同乘以$x_2 - x_1$,即可得所要证明的式(14). 于是,拉格朗日公式得证.

拉格朗日公式是研究函数(或者说研究函数图象)的有力工具. 由它可以导出两个重要结论.

1° 对于$x_1 < x_2$,如果函数$f(x)$在区间$[x_1, x_2]$的一切点(不考虑两个端点x_1和x_2)上的导数都大于0,则函数$f(x)$在整个区间$[x_1, x_2]$上递增. 更确切地说,对于区间$[x_1, x_2]$上的任意两点a_1和a_2,如果$a_1 < a_2$,则

$$f(a_1) < f(a_2) \qquad (22)$$

事实上,由式(14)可见

$$f(a_2) - f(a_1) = f'(\theta)(a_2 - a_1) \qquad (23)$$

其中θ是区间$[a_1, a_2]$之内的一点,从而也是区间$[x_1, x_2]$内的点. 由于$f'(\theta) > 0$,可见式(23)右侧大于0. 命题从而得证.

2° 对于$x_1 < x_2$,如果函数$f(x)$在区间$[x_1, x_2]$的一切点(不考虑两个端点x_1和x_2)上的导数都小于0,则函数$f(x)$在整个区间$[x_1, x_2]$上递减. 更确切地说,对于区间$[x_1, x_2]$上的任意两点a_1和a_2,如果$a_1 < a_2$,则

$$f(a_1) > f(a_2) \qquad (24)$$

事实上,由式(14)可见

$$f(a_2) - f(a_1) = f'(\theta)(a_2 - a_1) \qquad (25)$$

其中θ是区间$[a_1, a_2]$之内的一点,从而也是区间$[x_1, x_2]$内的点. 由于$f'(\theta) < 0$,可见式(25)右侧小于0,命题从而得证.

二阶导数 函数$f(x)$的导数$f'(x)$本身也是一函数,因此可以求它的导数$[f'(x)]'$. 我们称$[f'(x)]'$为函数$f(x)$的**二阶导数**,记作$f''(x)$. 这样

$$f''(x) = [f'(x)]' \tag{26}$$

$f'(x)$ 称为 $f(x)$ 的一阶导数,$f''(x)$ 称为 $f(x)$ 的二阶导数. 类似地可以定义函数 $f(x)$ 的任意阶导数,不过我们以后只用到一阶导数和二阶导数.

极大值和极小值的判别法 函数 $f(x)$ 在点 $x = x_0$ 有极大值或极小值的必要条件是

$$f'(x_0) = 0 \tag{27}$$

(见式(11)). 然而式(27)不是函数 $f(x)$ 在点 $x = x_0$ 有极大值或极小值的充分条件. 此外,单由式(27)也无法判断在点 $x = x_0$ 处究竟是极大值还是极小值. 结果表明,由二阶导数可以得到充分条件. 具体地说,在式(27)的条件下,如果

$$f''(x_0) \neq 0 \tag{28}$$

则函数 $f(x)$ 在点 $x = x_0$ 要么有极大值,要么有极小值,而且根据 $f''(x_0)$ 的符号可以判断究竟是极大值还是极小值:假如

$$f''(x_0) < 0 \tag{29}$$

则函数 $f(x)$ 在点 x_0 有极大值,而倘若

$$f''(x_0) > 0 \tag{30}$$

则函数 $f(x)$ 在点 x_0 有极小值.

现在证明这一事实. 假设式(29)成立,即函数 $f'(x)$ 的一阶导数 $[f'(x)]' < 0$. 由于函数 $f'(x)$ 在点 $x = x_0$ 的值为 0(见式(27)),可见

$$f'(x) > 0,\ \text{当}\ x < x_0\ \text{时} \tag{31}$$

$$f'(x) < 0,\ \text{当}\ x > x_0\ \text{时} \tag{32}$$

于是,当从左侧接近 x_0 时,函数 $f(x)$ 的值不断增大,而当从 x_0 向右变化时,它的值不断减小,因此 $f(x)$ 在 $x = x_0$ 有极大值.

同理,当式(30)成立时,函数 $f'(x)$ 的一阶导数 $[f'(x)]' > 0$. 由(27)知 $f'(x)$ 在点 $x = x_0$ 的值为 0. 因此

$$f'(x) < 0,\ \text{当}\ x < x_0\ \text{时} \tag{33}$$

$$f'(x) > 0,\ \text{当}\ x > x_0\ \text{时} \tag{34}$$

于是,当从左侧接近点 x_0 时,函数 $f(x)$ 的值不断减小,而当从 x_0 向右变化时,它的值不断增大,从而 $f(x)$ 在 $x = x_0$ 有极小值.

函数的研究

首先回忆函数 $f(x)$ 的二阶导数 $f''(x)$ 的定义. 有

$$f''(x) = [f'(x)]' \qquad (1)$$

(见第 3 章, 式(26)). 函数 $f'(x)$ 和 $f''(x)$ 分别称为函数 $f(x)$ 的一阶导数和二阶导数.

现在把第 3 章的结果用于由多项式给出的某些函数的研究. 作为例子, 我们首先看函数

$$y = f(x) = x^3 - px \qquad (2)$$

其中 p 是常数. 此函数的图象 L 称为**立方抛物线**.

我们首先指出立方抛物线所特有的但十分明显的一些性质. 立方抛物线关于原点对称. 事实上, 如果 (x, y) 是立方抛物线上任意一点, 即 x 和 y 满足方程(2), 则点 $(-x, -y)$ 也满足方程(2), 即

$$(-y) = f(-x) = (-x)^3 - p(-x) \qquad (3)$$

这样, 如果点 (x, y) 位于曲线 L 上, 则关于原点与 (x, y) 对称的点 $(-x, -y)$ 也位于曲线 L 上.

其次求出曲线 L 与横坐标轴的交点, 即方程

$$x^3 - px = 0 \qquad (4)$$

的根. 该方程有三个根

$$x = 0, x = \pm\sqrt{p} \qquad (5)$$

第 4 章

当 $p < 0$ 时,后两个是虚根,没有几何意义;当 $p > 0$ 时,式(5)为三个不同的实根,这时曲线 L 与横轴有三个交点;当 $p = 0$ 时,三个根重合为一个三重根 $x = 0$.

函数(2)的导数为

$$f'(x) = 3x^2 - p \tag{6}$$

如果当自变量 x 取各种不同值时研究函数 $f'(x)$ 的符号,我们就可以把曲线 L 按函数 $f(x)$ 的递增和递减分段,并且求出极大值点和极小值点. 为此需要求出方程

$$f'(x) = 3x^2 - p = 0 \tag{7}$$

的根.

当 $p < 0$, x 为任意实数时, $f'(x) > 0$(见式(6)),从而 $f(x)$ 在 x 的整个变化范围内(即当 $-\infty < x < +\infty$ 时)递增.

当 $p = 0$, $x \neq 0$ 时, $f'(x) > 0$(见式(6)). 因而当 $-\infty < x < 0$ 和 $0 < x < +\infty$ 时, $f(x)$ 递增. 但是,当 $-\infty < x < 0$ 时 $f(x) < 0$,而当 $0 < x < +\infty$ 时 $f(x) > 0$,故当 $-\infty < x < +\infty$ 时 $f(x)$ 递增. 因此点 $x = 0$ 也是函数 $f(x)$ 的上升点. 这样,尽管当 $x = 0$ 时 $f'(x) = 0$,但是函数 x^3 在这一点既没有极大值也没有极小值. 由此可见,第 3 章的式(11)是函数 $f(x)$ 在 x 点有极大值或极小值的必要条件,但并非充分条件.

当 $p > 0$ 时,除 $x = 0$ 外方程(7)还有两个不同实根,即

$$x_1 = -\sqrt{\frac{p}{3}}, \quad x_2 = \sqrt{\frac{p}{3}} \tag{8}$$

需要判断函数 $f(x)$ 在点 x_1 和 x_2 是否有极大值或者极小值. 点 x_1 和 x_2 把 x 的变化范围(即整个实数轴)分为三个区间,即

$$-\infty < x < x_1, x_1 \leqslant x \leqslant x_2, x_2 < x < +\infty \tag{9}$$

当 $-\infty < x < x_1$ 时 $f'(x) > 0$;当 $x_1 \leqslant x \leqslant x_2$ 时 $f'(x) < 0$;当 $x_2 < x < +\infty$ 时 $f'(x) > 0$. 因此,函数 $f(x)$ 在第一个区间上递增,在第二个区间上递减,在第三个区间上递增. 由此可见, x_1 是函数 $f(x)$ 的极大值点, x_2 是极小值点.

这样,由于 p 的值不同,立方抛物线有三种不同的形状,分别对应于 $p < 0$, $p = 0$ 和 $p > 0$. 图 1 给出了这三种不同形状的立方抛物线的图象.

现在看方程

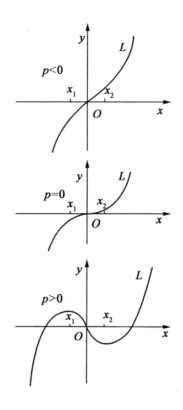

图 1

$$x^3 - px = c \tag{10}$$

几何上易见,当 $p < 0$ 时它只有一个实根,当 $p = 0$ 时它也只有一个实根. 但是 $c = 0$ 的情形除外,这时 $x = 0$ 是三重根. 当 $p > 0$ 时,若

$$f(x_2) \le c \le f(x_1) \tag{11}$$

则方程(10)有三个实根,其中当 $c = f(x_1)$ 或 $c = f(x_2)$ 时有一个单根和一个二重根. 如果 c 不满足条件(11),则方程(10)只有一个实根.

立方抛物线(2)一定通过原点. 它在原点的切线的斜率为

$$f'(0) = -p \tag{12}$$

因此,它在原点的切线方程为

$$y = g(x) = -px \tag{13}$$

这条切线把整个平面分成上、下两个半平面. 对于任意一点 (x^*, y^*),如果

$$y^* > -px^* \tag{14}$$

则它位于直线(13)的上方;如果

$$y^* < -px^* \qquad (15)$$

则它位于直线(13)的下方. 我们现在讨论立方抛物线的点(x, y),即满足方程(2)的点位于直线(13)的上方还是下方. 为此,我们来比较

$$x^3 - px \qquad (16)$$

和

$$-px \qquad (17)$$

的值. 虽然,当$x < 0$时式(16)的值小于式(17)的值,即

$$x^3 - px < -px$$

而当$x > 0$时式(16)的值大于式(17)的值,即

$$x^3 - px > -px$$

因此,当$x < 0$时,立方抛物线的点(x, y)满足条件(15),即相应的点位于直线(13)的上方;当$x > 0$时,点(x, y)满足条件(14),即相应的点位于直线(13)的下方. 从而,立方抛物线的图象在通过原点时从切线(13)的一侧越到另一侧.

函数曲线在切点的附近从切线的一侧越到另一侧的现象具有普遍意义. 下面我们就讨论这个问题.

拐点 假设曲线L是某一函数$f(x)$的图象,而M是曲线L上一点,其横坐标为x_0,K是曲线L在M点上的切线(图2). 如果在点M函数的图象从切线K的一侧越到另一侧,则称M为曲线L上的拐点. 可以证明,如果M是拐点,则

$$f''(x_0) = 0 \qquad (18)$$

现在证明上述命题. 切线K的方程可以写成

$$y = g(x) = f'(x_0) \cdot x + b \qquad (19)$$

其中$f'(x_0)$等于切线的斜率,而b是由条件

$$f(x_0) - g(x_0) = 0 \qquad (20)$$

所决定的一个常数(见图2). 条件(20)表示点M既在曲线L上又在切线K上. 现在考虑函数

$$h(x) = f(x) - g(x) \qquad (21)$$

它同时满足两个条件

$$h(x_0) = 0, h'(x_0) = 0 \qquad (22)$$

因此函数

$$y = h(x) \qquad (23)$$

的图象与横坐标轴在点 $x = x_0$ 相切(见图 2).

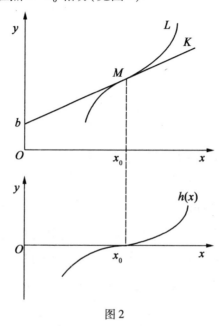

图 2

如果 M 是拐点,则函数 $h(x)$ 的图象在通过点 $x = x_0$ 时从横轴的一侧越到另一侧. 现在证明

$$h''(x_0) = 0$$

用反证法来证. 为此先假设 $h''(x_0) > 0$. 因为 $h'(x_0) = 0$,故由此可见函数 $h(x)$ 在点 x_0 有局部极小值(见第 3 章,(30)),从而对于一切离 x_0 充分近的 x,有

$$h(x) \geqslant h(x_0) = 0$$

那么函数 $h(x)$ 的图象在点 x_0 不会从横轴的一侧越到另一侧. 这与条件矛盾. 现在假设 $h''(x_0) < 0$. 那么由 $h'(x_0) = 0$ 可见函数 $h(x)$ 在点 x_0 有局部极大值,故 $h(x) \leqslant h(x_0) = 0$. 从而当 $h''(x_0) < 0$ 时,函数 $h(x)$ 的图象在点 x_0 不会从横轴的一侧越到另一侧. 这仍与条件矛盾. 于是只能 $h''(x_0) = 0$.

其次,由式(19)可见 $g''(x) = 0$. 因此,有

$$0 = h''(x_0) = f''(x_0) - g''(x_0) = f''(x_0) \qquad (24)$$

从而式(18)得证.

注意,$f''(x_0) = 0$ 只是函数 $f(x)$ 的图象上横坐标为 x_0 的点是拐点的必要条件,而不是充分条件.

现在继续讨论立方抛物线(2). 首先求出函数(2)的二阶导数

$$f''(x) = (x^3 - px)'' = 6x \qquad (25)$$

我们在前面已经说明了原点是立方抛物线(2)的拐点. 而由式(25)函数(2)的二阶导数的表达式,可见原点是立方抛物线唯一的拐点,因为它的二阶导数只有当 $x = 0$ 时才等于0.

下面提出三个问题,留给读者自己来解. 第一个问题比较容易,而第二和第三个问题是十分重要的数学问题,读者需要认真对待.

问题1 在坐标系 xOy 下,立方抛物线的方程由式(2)给出. 试改变原坐标轴的长度单位,即引进新坐标 x_1 和 y_1,使新坐标和原坐标满足关系式

$$x = kx_1, y = ly_1 \qquad (26)$$

其中 k 和 l 是正实数. 要求经过坐标变换(26),使方程(2)具有下列三种形式之一

$$y_1 = x_1^3 - x_1, y_1 = x_1^3, y_1 = x_1^3 + x_1 \qquad (27)$$

问题2 研究函数

$$y = f(x) = x^3 + a_1 x^2 + a_2 x + a_3 \qquad (28)$$

为此首先需要求出导数 $f'(x)$,并利用它把 x 的变化范围 $-\infty < x < +\infty$ 划分为函数(28)的递增区间和递减区间. 其次引进新坐标 x_1 和 y_1 以代替原坐标 x 和 y,它们应满足关系式

$$x = x_1 + \alpha, y = y_1 + \beta \qquad (29)$$

此乃原坐标系的平移. 要求选择这样的平移变换,使原方程(28)在新坐标系中具有方程(2)的形状. 可以用两种方法作上述变换:①直接选择 α 和 β 的值,使方程(28)在新坐标系下具有(2)的形状;②找出函数(28)之图象 L 的拐点,并通过平移把坐标原点移到拐点的位置. 此外,要求找出在新坐标系下所得方程中的系数 p(见式(2)),通过原坐标系下方程(28)中的系数 a_1, a_2, a_3 来表示的公式

$$p = p(a_1, a_2, a_3) \qquad (30)$$

现在看方程

$$f(x) = x^3 + a_1 x^2 + a_2 x + a_3 = 0 \qquad (31)$$

利用前面对形如(2)的方程的讨论结果:当 $p = p(a_1, a_2, a_3) < 0$ 时,方程(31)只有一个实根;当 $p = 0$ 时,要么只有一个实根,要么有一个三重根;当 $p > 0$ 时,方程(31)有三个实根,试说明方程(31)有三个实根的条件.

问题3 研究函数

$$f(x) = x^4 + b_1 x^3 + b_2 x^2 + b_3 x + b_4 \qquad (32)$$

及其图象.

为此需要求出函数(32)的导数. 利用问题2的结果定性地说明函数(32)之图象的特点:首先指出所有极大值和极小值的个数,其次说明此个数对函数(32)的系数 b_1, b_2, b_3, b_4 的依赖关系,最后求出拐点,并把其坐标通过系数 b_1, b_2, b_3, b_4 表示出来.

三角函数的导数
和某些微分法则

在这一章,我们首先求三角函数 $\sin x$ 和 $\cos x$ 的导数,其中的角 x 不是用度而是用弧度来度量的. 在求这些导数时将援引一个事实. 我们不准备证明它,因为证明繁杂无味,而且直观上很容易确信这一事实的真实性. 下面就是我们将要援引的事实.

假设 K 是一圆,A 和 B 是圆上的两个点,但它们不在圆的同一直径上(即 A 和 B 不是对径点). 以 $s(\overset{\frown}{AB})$ 表示圆 K 上的劣弧 $\overset{\frown}{AB}$(即图 1 的弧 $\overset{\frown}{AO'B}$)的长度,而以 $l(AB)$ 表示弦 AB 的长. 显然

$$s(\overset{\frown}{AB}) > l(AB) \qquad (1)$$

我们不加证明地承认下述事实:当点 A 与 B 无限接近时,即当 $s(\overset{\frown}{AB}) \to 0$ 时,$\dfrac{l(AB)}{s(\overset{\frown}{AB})}$ 趋向 1. 这可以用一个数学式子表示为

$$\lim_{s(\overset{\frown}{AB}) \to 0} \frac{l(AB)}{s(\overset{\frown}{AB})} = 1 \qquad (2)$$

我们现在利用式(2)来严格地证明在求 $\sin x$ 和 $\cos x$ 的导数时将要用到的一个结果:当 $h \to 0$ 时,$\sin \dfrac{h}{h} \to 1$. 为此在坐标平面上,以原点为心作一单位圆 K(图 1)

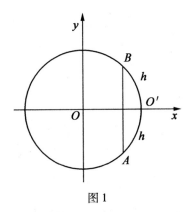

图 1

以 O' 表示圆 K 上最右边的点,即圆与横坐标轴正半轴的交点. 以 O' 为起点向上取一长为 h 的圆弧段,其终点记作 B;同样以 O' 为起点向下也取一长为 h 的圆弧段,其终点记作 A. 假设 $h < \dfrac{\pi}{2}$. 那么,有

$$l(AB) = 2\sin h, s(\widehat{AB}) = 2h \tag{3}$$

因此,由式(2)可见

$$\lim_{h \to 0} \frac{\sin h}{h} = \lim_{h \to 0} \frac{2\sin h}{2h} = 1$$

这样,我们证明了所要的关系式

$$\lim_{h \to 0} \frac{\sin h}{h} = 1 \tag{4}$$

该式是对于 $h > 0$ 证明的,但是它对于 $h < 0$ 的情形也对,因为当 h 变号时 $\sin h$ 也同时改变符号.

在求 $\sin x$ 和 $\cos x$ 的导数时,我们还要用到三角中两个熟知的公式

$$\sin \alpha - \sin \beta = 2\sin \frac{\alpha - \beta}{2} \cos \frac{\alpha + \beta}{2} \tag{5}$$

$$\cos \alpha - \cos \beta = -2\sin \frac{\alpha - \beta}{2} \sin \frac{\alpha + \beta}{2} \tag{6}$$

为求 $\sin x$ 的导数,首先按照第 1 章的式(21)写出

$$\frac{\sin \xi - \sin x}{\xi - x} = \frac{\sin \dfrac{\xi - x}{2}}{\dfrac{\xi - x}{2}} \cos \frac{\xi + x}{2}$$

利用式(4),当 $\xi \to x$ 时在该式两侧同时求极限,得

$$(\sin x)' = \cos x \tag{7}$$

对于函数 $\cos x$,有

23

$$\frac{\cos \xi - \cos x}{\xi - x} = - \frac{\sin \dfrac{\xi - x}{2}}{\dfrac{\xi - x}{2}} \sin \frac{\xi + x}{2}$$

利用式(4),当 $\xi \to x$ 时在上式中求极限,得

$$(\cos x)' = - \sin x \tag{8}$$

两个函数之积和商的导数 我们已经会求两个函数之和的导数(见第2章,式(15)). 显然,会求两个函数之积的导数以及两个函数之商的导数很重要. 假设有自变量 x 的两个函数 $u(x)$ 和 $v(x)$. 我们现在求 $u(x)v(x)$ 和 $\dfrac{u(x)}{v(x)}$ 的导数.

我们从导数的定义(见第1章,式(21))出发求 $u(x)v(x)$ 和 $\dfrac{u(x)}{v(x)}$ 的导数. 为求 $u(x)v(x)$ 的导数,首先求

$$u(\xi)v(\xi) - u(x)v(x) =$$
$$u(\xi)v(\xi) - u(x)v(\xi) + u(x)v(\xi) - u(x)v(x) =$$
$$[u(\xi) - u(x)]v(\xi) + u(x)[v(\xi) - v(x)]$$

从而

$$[u(x)v(x)]' = \lim_{\xi \to x} \frac{u(\xi)v(\xi) - u(x)v(x)}{\xi - x} =$$
$$\lim_{\xi \to x} \frac{[u(\xi) - u(x)]v(\xi)}{\xi - x} + \lim_{\xi \to x} \frac{u(x)[v(\xi) - v(x)]}{\xi - x} =$$
$$u'(x)v(x) + u(x)v'(x)$$

于是,最后得两个函数之积的求导公式

$$[u(x)v(x)]' = u'(x)v(x) + u(x)v'(x) \tag{9}$$

用完全相同的方法可以求出两个函数之商 $\dfrac{u(x)}{v(x)}$ 的导数. 为此先求

$$\frac{u(\xi)}{v(\xi)} - \frac{u(x)}{v(x)} = \frac{u(\xi)v(x) - u(x)v(\xi)}{v(\xi)v(x)} =$$
$$\frac{u(\xi)v(x) - u(x)v(x) + u(x)v(x) - u(x)v(\xi)}{v(\xi)v(x)} =$$
$$\frac{[u(\xi) - u(x)]v(x) - u(x)[v(\xi) - v(x)]}{v(\xi)v(x)}$$

从而,有

$$\left[\frac{u(x)}{v(x)} \right]' = \lim_{\xi \to x} \frac{\dfrac{u(\xi)}{v(\xi)} - \dfrac{u(x)}{v(x)}}{\xi - x} =$$
$$\lim_{\xi \to x} \frac{\dfrac{u(\xi) - u(x)}{\xi - x} v(x)}{v(\xi)v(x)} - \lim_{\xi \to x} \frac{u(x) \dfrac{v(\xi) - v(x)}{\xi - x}}{v(\xi)v(x)} =$$

$$\frac{u'(x)v(x) - u(x)v'(x)}{[v(x)]^2}$$

于是,最后得

$$\left[\frac{u(x)}{v(x)}\right]' = \frac{u'(x)v(x) - u(x)v'(x)}{[v(x)]^2} \tag{10}$$

函数 $\tan x$ 的导数   利用法则(10)及公式(7)和公式(8)即可求出 $\tan x$ 的导数. 有

$$\tan x = \frac{\sin x}{\cos x}$$

那么,根据法则(10)由公式(7)和公式(8),得

$$(\tan x)' = \frac{\sin'x\cos x - \sin x\cos'x}{\cos^2 x} =$$

$$\frac{\cos^2 x + \sin^2 x}{\cos^2 x} = \frac{1}{\cos^2 x}$$

从而,最后得

$$(\tan x)' = \frac{1}{\cos^2 x} = 1 + \tan^2 x \tag{11}$$

复合函数的导数   假设有 $-x$ 的函数 $\varphi(x)$ 和 $-y$ 的函数 $\psi(y)$. 令

$$y = \varphi(x)$$

把此式代入函数 $\psi(y)$,得函数

$$f(x) = \psi(y) = \psi(\varphi(x)) \tag{12}$$

由两个函数 $\varphi(x)$ 和 $\psi(y)$ 构成的这一新函数 $f(x)$,称为**复合函数**. 现在从导数的定义(见第 1 章,式(21))出发,求函数 $f(x)$ 的导数 $f'(x)$. 令

$$\eta = \varphi(\xi) \tag{13}$$

那么,当 $\xi \to x$ 时

$$\eta \to y \tag{14}$$

由第 1 章的式(31),有

$$\psi(\eta) - \psi(y) = k(\eta)(\eta - y)$$

而且

$$\lim_{\eta \to y} k(\eta) = \psi'(y)$$

因此,有

$$\frac{f(\xi) - f(x)}{\xi - x} = \frac{k(\eta)(\eta - y)}{\xi - x} = \frac{k(\eta)[\varphi(\xi) - \varphi(x)]}{\xi - x}$$

当 $\xi \to x$ 时,于上式两侧同时求极限,得

$$f'(x) = \psi'(y)\varphi'(x) = \psi'(\varphi(x))\varphi'(x) \tag{15}$$

于是,最后得

25

$$\left[\psi(\varphi(x))\right]' = \psi'(\varphi(x))\varphi'(x) \tag{16}$$

我们现在用文字来说明上面的公式:为求复合函数 $f(x) = \psi(\varphi(x))$ 的导数,应首先求函数 $\psi(y)$ 对 y 的导数,即求出 $\psi'(y)$,然后把 y 换成 $\varphi(x)$,最后再乘以 $\varphi'(x)$.

反函数的导数 在数学及其应用中有时把函数定义为方程的解.下面是最重要的情形之一.

假设 $\psi(y)$ 是一给定的变量 y 的函数.变量 x 和 y 满足方程

$$\psi(y) = x \tag{17}$$

有时可以把该方程相对 y 解出来.由于该方程含 x,因此它关于 y 的解依赖于 x,所以是 x 的函数,记作 $\varphi(x)$.这样一来

$$\psi(\varphi(x)) = x \tag{18}$$

是一恒等式.满足上述恒等式的函数 $\varphi(x)$ 称为函数 $\psi(y)$ 的**反函数**.

现在证明 $\psi(y)$ 也是 $\varphi(x)$ 的反函数.

为此把函数 $\varphi(x)$ 的自变量 x 换成式(18)左侧的 $\psi(y)$.注意到 $\varphi(x) = y$,有

$$\varphi(\psi(y)) = y \tag{19}$$

根据反函数的定义,式(19)表明函数 $\psi(y)$ 是函数 $\varphi(x)$ 的反函数.这样,函数 $\psi(y)$ 和 $\varphi(x)$ 互为反函数.

方程 $\psi(y) = x$,也可能 y 无法解出来,例如当 $\psi(y)$ 是常数时就是这样.这时,方程不能决定 y 与 x 间的函数关系.也可能出现这样的情形:虽然,方程(17)可以解出来,但是解不唯一.例如,方程 $y^2 = x$ 对 y 有两个解

$$y = +\sqrt{x} \text{ 和 } y = -\sqrt{x}$$

现在需要说明,在什么条件下方程(17)可解,并且决定函数 $y = \varphi(x)$.

假设函数 $\psi(y)$ 的导数 $\psi'(y)$ 在区间 $b_1 \leqslant y \leqslant b_2$ 上不改变符号,只是在两个端点 b_1 和 b_2 上可能取 0 为值.此外,令

$$a_1 = \psi(b_1), a_2 = \psi(b_2) \tag{20}$$

如果在区间 $b_1 < y < b_2$ 上函数 $\psi(y)$ 的导数 $\psi'(y) > 0$,则函数 $\psi(y)$ 在此区间上递增,因而 $a_1 < a_2$;否则 $\psi(y)$ 在此区间上递减,而 $a_1 > a_2$.

那么,$\psi(y)$ 有唯一反函数 $\varphi(x)$:$\varphi(x)$ 定义在区间 (a_1, a_2)(或 (a_2, a_1))上,并且满足恒等式(18).这时,函数 $\varphi(x)$ 的导数存在,不过在端点 a_1 和 a_2 上导数 $\varphi'(x)$ 可能无穷.反函数 $\varphi(x)$ 的导数为

$$\varphi'(x) = \frac{1}{\psi'(y)} = \frac{1}{\psi'(\varphi(x))} \tag{21}$$

现在证明上述事实.首先作出函数 $x = \psi(y)$ 的图象 L.与平常不同,我们在纵坐标轴上标自变量 y 的值,在横坐标轴上标函数 $x = \psi(y)$ 的值.下面考虑方

程 $\psi(y) = x$ 关于 y 的几何解法. 为此,在横坐标轴的区间 (a_1, a_2) 上固定任意一点 x,并且过 x 引一直线与纵坐标轴平行. 由于函数 $\psi(y)$ 不是增函数就是减函数,所引直线与函数曲线 L 一定相交并且只有一个交点. 交点的纵坐标 $y = \varphi(x)$ 就是方程 $\psi(y) = x$ 关于 y 的解.

这样一来,曲线 L 就是函数 $y = \varphi(x)$ 的图象. 由于函数 $\psi(y)$ 可微,可见曲线 L 在每一点 $A(x, y)$ 都有切线,记作 K. 因此函数 $y = \varphi(x)$ 的图象在它的每一点 A 都有切线. 从而对于每一个 x 值,$\varphi(x)$ 都有导数,不过当它在 $A(x, y)$ 点的切线 K 与纵坐标轴平行时除外,这时 $\varphi'(x)$ 为无穷大. 但是只有当 $\psi'(b_1)$ 或 $\psi'(b_2)$ 等于 0 时,$\varphi'(x)$ 才可能在区间 $[a_1, a_2]$ 的端点上为无穷大.

假设函数 $\varphi(x)$ 有导数. 现在设法求出 $\varphi'(x)$. 为此在式 (18) 两侧同时求导,这时应把左侧看成复合函数. 由此可见

$$\psi'(y)\varphi'(x) = 1$$

从而得式 (21). 因为只有当 $\psi'(y) = 0$ 时,曲线 L 在 A 点的切线 K 才会铅直,所以导数 $\varphi'(x)$ 为无穷大,当且仅当

$$\psi'(\varphi(x)) = 0$$

这恰好与式 (21) 一致.

注 在构造函数 $\psi(y)$ 的反函数时,函数 $\psi(y)$ 的自变量 y 往往不取端点 b_1 或 b_2 为值. 这时就不考虑相应的端点. 特别,两个或其中一个端点可能是无穷大. 在这种情况下不能直接由式 (20) 求 a_1 和 a_2 的值,而应把它们看成 $\psi(y)$ 的极限. 这时,a_1 和 a_2 可能是无穷大. 在此情形下反函数仍然存在,而且式 (21) 也成立.

x 的有理次幂的导数 对于任意有理数 r,利用上面的结果求函数

$$y = f(x) = x^r \tag{22}$$

的导数. 我们将证明求导公式

$$(x^r)' = rx^{r-1} \tag{23}$$

注意,$r < 0$ 时,函数 x^r 在 $x = 0$ 无定义;当 $0 < r < 1$ 时,它在 $x = 0$ 的导数为无穷大.

现在证明式 (23). 首先考虑 r 是负整数的情形. 那么 $n = -r$ 是自然数. 有

$$x^r = \frac{1}{x^n}$$

在该式两侧同时求导数,得

$$(x^r)' = \left(\frac{1}{x^n}\right)' = \frac{1' x^n - nx^{n-1}}{x^{2n}} =$$
$$-nx^{-n-1} = rx^{r-1}$$

于是,当 r 为负整数时式 (23) 得证.

假设 $r = \dfrac{1}{n}$，其中 n 是不为 1 的自然数. 根据定义，函数 $x^{\frac{1}{n}}$ 决定于公式

$$y = x^{\frac{1}{n}} = +\sqrt[n]{x} \tag{24}$$

注意，当 n 为偶数时，只有 $x \geqslant 0$ 时函数 $y = x^{\frac{1}{n}}$ 才有定义，这时 $y \geqslant 0$；当 n 为奇数时，它对一切 x 有定义.

函数(24)显然是方程

$$\psi(y) = y^n = x \tag{25}$$

的解，即 $\psi(y)$ 的反函数. 我们利用公式(21)求它的导数. 当 n 为偶数时，$y \geqslant 0$. 这时 y 在区间 $0 \leqslant y < +\infty$ 上取值，而 x 属于区间 $0 \leqslant x < +\infty$. 导数 $(y^n)' = ny^{n-1}$ 在区间 $0 < y < +\infty$ 上大于 0，只有在左端上等于 0. 因此反函数 $y = \sqrt[n]{x}$ 存在并且有导数，只有当 $x = 0$ 时导数为无穷大.

当 n 为奇数时，y 可以取任意实数为值. 为证明反函数存在，我们把整个实数轴 $-\infty < y < +\infty$ 分为两段：$-\infty < y \leqslant 0$ 和 $0 \leqslant y < +\infty$. 除了在分点 $x = 0$ 上，导数 $(y^n)' = ny^{n-1}$ 为 0 外，它在每个区间内都大于 0. 因此在每一个区间上反函数都存在，从而函数在整个实数轴上有定义. 当 $x = 0$ 时，反函数的导数为无穷大，而对于一切 $x \neq 0$，导数存在. 根据式(21)，函数 $\psi(x) = x^{\frac{1}{n}}$ 的导数为

$$\left(x^{\frac{1}{n}} \right)' = \frac{1}{ny^{n-1}} = \frac{1}{nx^{\frac{n-1}{n}}} = \frac{1}{n}x^{\frac{1}{n}-1} = rx^{r-1}$$

于是，当 $r = \dfrac{1}{n}$ 时，式(23)得证.

最后看一般情形. 假设 $r = \dfrac{p}{q}$，其中 $q \neq 0$ 是整数，而 p 是自然数. 在式(12)中令

$$y = \varphi(x) = x^{\frac{1}{q}}, \psi(y) = y^p$$

并且把函数 $x^r = x^{\frac{p}{q}}$ 看成复合函数. 那么，由式(16)得

$$\left[\left(x^{\frac{1}{q}} \right)^p \right]' = py^{p-1} \cdot \frac{1}{q}x^{\frac{1}{q}-1} = \frac{p}{q}x^{\frac{p-1}{q}}x^{\frac{1}{q}-1} =$$

$$\frac{p}{q}x^{\frac{p}{q}-1} = rx^{r-1}$$

这样，对于任意有理数 r，式(23)得证.

不定积分

第 6 章

在数学中每当考虑某种运算的时候,总要提出逆运算的问题. 例如,加法和减法、乘法和除法、乘方和开方都互为逆运算. 在考虑逆运算时出现两个主要问题:逆运算的存在性和唯一性. 例如,倘若只考虑实数,则开平方有时不可能,因为负数不能开平方. 此外,开平方运算不唯一,因为正数开平方有正、负两个根. 当我们引进了微分运算时,也要考虑它的逆运算,即所谓**积分运算**. 对于积分运算,我们必须解决两个主要问题:积分运算的存在性和积分运算的唯一性.

现在作严格的数学论述. 假设 $f(x)$ 是给定的函数,而且对于 $f(x)$ 之自变量 x 的一切可能值,函数 $h(x)$ 也有定义. 那么,如果

$$h'(x) = f(x) \tag{1}$$

则称 $h(x)$ 为函数 $f(x)$ 的**积分**或**原函数**. 由 $f(x)$ 求满足方程 (1) 的函数 $h(x)$ 是微分的逆运算,称为**积分运算**. 可见,积分运算不唯一,因为如果 $h(x)$ 满足方程 (1),则对于任意常数 C, $h(x) + C$ 也满足同一方程. 事实上,有

$$[h(x) + C]' = h'(x) + C' = h'(x) + 0 = f(x) \tag{2}$$

(见第 2 章,式 (14)). 不过这里的不唯一性仅仅在于加、减一个任意常数. 下面就证明这一点.

首先证明,如果函数 $h(x)$ 满足方程

$$h'(x) = 0 \tag{3}$$

则函数 $h(x)$ 是一常数

$$h(x) = C \tag{4}$$

不过只有当 $h(x)$ 的定义域连通时,上述命题才成立. 连通

性是指如果 x_1 和 x_2 属于函数 $h(x)$ 的定义域,则介于 x_1 和 x_2 之间的任意实数都属于函数 $h(x)$ 的定义域. 无论何时都不应忽略这一点. 现在由式(3)证明式(4). 假设 x_1 和 x_2 是函数 $h(x)$ 定义域中任意两个值. 因为函数 $h(x)$ 的定义域连通,故 $h(x)$ 在整个区间 $[x_1, x_2]$ 上有定义,因此由拉格朗日公式(见第 3 章,式(14))可见

$$h(x_2) - h(x_1) = h'(\theta)(x_2 - x_1) \tag{5}$$

因为 $h'(\theta) = 0$(见式(3)),故由式(5)得式(4).

现在假设有两个函数 $h_1(x)$ 和 $h_2(x)$ 满足方程

$$h_1'(x) = f(x), h_2'(x) = f(x) \tag{6}$$

即函数 $h_1(x)$ 和 $h_2(x)$ 同是函数 $f(x)$ 的原函数. 我们证明

$$h_2(x) = h_1(x) + C \tag{7}$$

其中 C 是一常数. 事实上,令 $h(x) = h_2(x) - h_1(x)$,有

$$h'(x) = [h_2(x) - h_1(x)]' = h_2'(x) - h_1'(x) =$$
$$f(x) - f(x) = 0$$

从而由式(4)知 $h(x)$ 是一常数. 由此可见式(7)成立. 在证明过程中我们基于 $h_1(x)$ 和 $h_2(x)$ 定义域连通,从而 $h(x)$ 也定义在连通域上. 方程(1)的解 $h(x)$ 记作

$$h(x) = \int f(x) \mathrm{d}x \tag{8}$$

式(8)中的符号"$\int$"读作"**积分**". 因为函数 $h(x)$ 不唯一,所以式(8)右侧称为

不定积分.

对于某些具体的函数 $f(x)$,可以完满地解决求方程(1)的解 $h(x)$ 的问题. 有关解法实际上是以第 2 章到第 5 章的有关公式为基础对解进行"猜测". 例如,当函数 $f(x)$ 为多项式时,即

$$f(x) = c_0 x^n + c_1 x^{n-1} + \cdots + c_{n-1} x + c_n \tag{9}$$

则利用第 2 章的式(18)可以求出 $h(x) = \int f(x) \mathrm{d}x$

$$h(x) = \int (c_0 x^n + c_1 x^{n-1} + \cdots + c_{n-1} x + c_n) \mathrm{d}x =$$

$$\frac{c_0}{n+1} x^{n+1} + \frac{c_1}{n} x^n + \cdots + \frac{c_{n-1}}{2} x^2 + c_n x + C \tag{10}$$

其中 C 是任意常数.

同理,由第 5 章的式(8)和式(7),可见

$$\int \sin x \mathrm{d}x = -\cos x + C$$

$$\int \cos x \mathrm{d}x = \sin x + C \tag{11}$$

其中 C 是任意常数.

由第 5 章的式(11),有

$$\int \frac{\mathrm{d}x}{\cos^2 x} = \tan x + C \tag{12}$$

存在许多求不定积分的方法,但这些方法实际上都归结为"猜测".我们在这里就不一一介绍了.我们只准备介绍一个一般法则:如果已知函数 $f_1(x), f_2(x), \cdots, f_m(x)$ 的原函数 $h_1(x), h_2(x), \cdots, h_m(x)$,即

$$h_i'(x) = f_i(x) \quad (i=1,2,\cdots,m)$$

则对于任意常数 $c_1, c_2, \cdots, c_m$,函数

$$f(x) = c_1 f_1(x) + c_2 f_2(x) + \cdots + c_m f_m(x) \tag{13}$$

的不定积分为

$$\int f(x)\mathrm{d}x = c_1 h_1(x) + c_2 h_2(x) + \cdots + c_m h_m(x) + C \tag{14}$$

其中 C 是任意常数.

下面介绍所得结果在一力学问题中简单但十分重要的应用.

考察质点沿某直线的运动.为便于数学描述,我们把坐标轴取在这条直线上.以 $x(t)$ 表示时刻 t 时质点的位置,同时又把 $x(t)$ 看成运动的质点.时间 t 的函数 $x(t)$ 完全描绘质点的运动与时间的关系.假设 t 和 τ 是两个时刻,$t < \tau$.那么经过时间 $\tau - t$,质点所走过的路程为 $x(\tau) - x(t)$,而质点在时间段 $[t, \tau]$ 上的平均运动速度显然等于

$$\frac{x(\tau) - x(t)}{\tau - t} \tag{15}$$

τ 的值越接近 t 的值,分式(15)的值就越接近于质点在时刻 t 时的运动速度(瞬时速度)$v(t)$ 的值.因此

$$v(t) = \lim_{\tau \to t} \frac{x(\tau) - x(t)}{\tau - t} \tag{16}$$

等式的右侧量恰好是函数 $x(t)$ 对 t 的导数.于是,质点 $x(t)$ 在时刻 t 的运动速度为

$$v(t) = x'(t) \tag{17}$$

如果质点运动的速度 $v(t)$ 实际上不依赖于 t,即在运动中质点的速度不变:$v(t) = v$,其中 v 是一常数,则质点的位置决定于方程

$$x'(t) = v \tag{18}$$

由式(10)知此方程的解为

$$x(t) = vt + C \tag{19}$$

其中 C 是常数.为求常数 C 的值,需要知道质点在时刻 $t = 0$ 的位置.假设在时刻 $t = 0$,质点位于 x_0.把 $t = 0$ 代入式(19),得

$$x_0 = x(0) = C \tag{20}$$

这样,方程(18)的解可以写成

$$x(t) = x_0 + vt \tag{21}$$

其中 x_0 是质点在初始时刻 $t = 0$ 的位置,而 v 是质点运动的速度(常数). 方程(21)描绘具有常速度 v 的质点的运动规律.

如果质点的运动速度不是常数,则除了质点运动的速度之外还要考虑另一个重要的量——加速度. 加速度表征运动速度的变化. 仿照平均速度的定义,可以定义自 t 到 τ 的时间段上的平均加速度,它等于

$$\frac{v(\tau) - v(t)}{\tau - t} \tag{22}$$

时刻 τ 越靠近时刻 t,由方程(22)给出的平均加速度就越接近于质点在时刻 t 的(瞬时)加速度. 这样,质点在时刻 t 的(瞬时)加速度的精确值等于

$$u(t) = \lim_{\tau \to t} \frac{v(\tau) - v(t)}{\tau - t} \tag{23}$$

该式右侧的量恰好是函数 $v(t)$ 对自变量 t 的导数 $v'(t)$,即

$$u(t) = v'(t) \tag{24}$$

由式(17)可见

$$u(t) = x''(t) \tag{25}$$

(见第4章,(11)). 因此,质点 $x(t)$ 在时刻 t 的运动速度是一阶导数 $x'(t)$,而质点 $x(t)$ 在时刻 t 的加速度是二阶导数 $x''(t)$. 等加速运动特别重要. 对于等加速运动,加速度是一常数 u,即

$$u(t) = u \tag{26}$$

这时质点运动的速度 $v(t)$ 需要由方程

$$v'(t) = u \tag{27}$$

来求.

由式(10)知此方程的解为

$$v(t) = ut + C \tag{28}$$

其中 C 是常数,为求它的具体值需要知道质点 $x(t)$ 在初始时刻 $t = 0$ 的速度 v_0. 把 $t = 0$ 代入方程(28),得 $v(0) = v_0 = C$. 因此方程(27)的解为

$$x'(t) = v_0 + ut \tag{29}$$

由前面得到的结果(见式(10)),知此方程的解为

$$x(t) = v_0 t + \frac{1}{2}ut^2 + C \tag{30}$$

其中 C 是一常数. 为求常数 C 的值,以 x_0 表示质点 $x(t)$ 在初始时刻 $t = 0$ 的位置. 把 $t = 0$ 代入方程(30),得 $x(0) = x_0 = C$.

这样,等加速运动的规律由方程

$$x(t) = x_0 + v_0 t + \frac{1}{2}ut^2$$

来描绘.

定积分

图形的面积　数学中积分运算不仅作为微分的逆运算才出现,在解决其他许多问题时,如在几何中求面积时也出现积分运算. 求由曲线所围成的平面图形的面积要用积分运算. 由于一个图形的面积的大小是完全确定的,因此这里的积分已经不再是不定积分. 我们现在讨论一个最简单的求面积问题,并由它导出定积分的概念.

假设有一给定的函数

$$y = f(x) \tag{1}$$

曲线 L 是它在某笛卡儿坐标系中的图象. 暂时假定 L 完全在横轴的上方. 假设 u 和 v 是函数 $f(x)$ 之自变量的任意两个值,而且 $u \leqslant v$;以 A 和 B 分别表示曲线 L 上横坐标为 u 和 v 的点. 我们现在考虑一平面图形,它下由横轴的线段 $[u,v]$、左由线段 vA、右由线段 vB、上由曲线 L 上的弧段 $\overset{\frown}{AB}$ 围成. 我们以 $Q(u,v)$ 表示上述图形. 无论按照合乎情理的看法,还是根据实际应用的需要,都不会怀疑图形 $Q(u,v)$ 具有一定的面积. 我们以 $h(u,v)$ 表示图形 $Q(u,v)$ 的面积. 现在任意选择两个值 x_0 和 x $(x_0 < x)$. 记

$$h(x_0, x) = h(x) \tag{2}$$

记号 $h(x)$ 依赖于 x,这表明我们把相应的面积看作 x 的函数.

现在求函数 $h(x)$ 的导数 $h'(x)$. 为此在 x 点的邻近选一点 ξ. 不妨设 $\xi > x$. 为求 $h(x)$ 的导数,应首先写出 $h(\xi) - h(x)$,即图形 $Q(x_0, \xi)$ 的面积与图形 $Q(x_0, x)$ 的面积之差. 按照记号 (2),有

$$h(\xi) - h(x) = h(x, \xi) \tag{3}$$

我们暂时不求图形 $Q(x,\xi)$ 的面积 $h(x,\xi)$ 的确切值, 而只对它作估计. 为此引进如下一些记号: 对于函数 $f(x)$ 之自变量的任意两个值 u 和 v, 记 $\mu(u,v)$ 为函数 $f(x)$ 在 $[u,v]$ 上的最小值; $\nu(u,v)$ 为函数 $f(x)$ 在 $[u,v]$ 上的最大值; $M(u,v)$ 为底为 $[u,v]$ 而高为 $\mu(u,v)$ 的矩形; $N(u,v)$ 为底为 $[u,v]$ 而高为 $\nu(u,v)$ 的矩形. 当 $u=x$ 而 $v=\xi$ 时, 由以上的记号可见: 矩形 $N(x,\xi)$ 包含图形 $Q(x,\xi)$, 而图形 $Q(x,\xi)$ 又包含矩形 $M(x,\xi)$. 由于矩形 $M(x,\xi)$ 和 $N(x,\xi)$ 的面积分别为

$$(\xi-x)\mu(x,\xi) \text{和} (\xi-x)\nu(x,\xi) \tag{4}$$

故由此得不等式

$$(\xi-x)\mu(x,\xi) \leqslant h(x,\xi) \leqslant (\xi-x)\nu(x,\xi) \tag{5}$$

即

$$(\xi-x)\mu(x,\xi) \leqslant h(\xi)-h(x) \leqslant (\xi-x)\nu(x,\xi) \tag{6}$$

显然, 当 $\xi \to x$ 时, 有

$$\mu(x,\xi) \to f(x), \nu(x,\xi) \to f(x) \tag{7}$$

因此, 如果将不等式(6)各方同除以 $(\xi-x)$, 并且当 $\xi \to x$ 时求极限, 则得

$$f(x) \leqslant \lim_{\xi \to x} \frac{h(\xi)-h(x)}{\xi-x} \leqslant f(x) \tag{8}$$

因为根据定义

$$h'(x) = \lim_{\xi \to x} \frac{h(\xi)-h(x)}{\xi-x}$$

所以由式(8)可见

$$h'(x) = f(x) \tag{9}$$

这样, 我们求出了函数 $h(x)$ 的导数, 结果表明 $h(x)$ 是 $f(x)$ 的原函数. 此外, 还需要指出函数 $h(x)$ 的一个性质: 当 $x=x_0$ 时, 图形 $Q(x_0,x)$ 变为一条线段, 因而它的面积等于 0. 于是

$$h(x_0) = 0 \tag{10}$$

在以上的论述中, 曾假设 $x_0 \leqslant x$, 函数 $f(x)$ 在区间 $[x_0,x]$ 上的图象 L 完全位于横轴的上方. 现在必须把这些条件去掉, 并且求出满足式(9)和式(10)两式的函数 $h(x)$.

如果函数 $f(x)$ 在区间 $[x_0,x]$ 上的图象, 一部分在横轴的上方, 另一部分在横轴的下方, 则应把整个图象分成两部分: 以 L_+ 表示函数 $f(x)$ 的图象 L 在横轴上方的部分, 而以 L_- 表示函数 $f(x)$ 的图象 L 在横轴下方的部分. 这时 L_+ 和 L_- 可能各由几段曲线构成. 以 $h_+(x)$ 表示曲线 L_+ 和横轴所夹的面积, 以 $h_-(x)$ 表示曲线 L_- 和横轴所夹的面积. 如果 $x_0 < x$, 则令

$$h(x) = h_+(x) - h_-(x) \tag{11}$$

如果 $x_0 > x$, 则 $h_+(x)$ 和 $h_-(x)$ 的含义不变, 不过令

$$h(x) = -[h_+(x) - h_-(x)] \qquad (12)$$

就面积的实际含义而言它只能取正值. 由式(11)和式(12)两式来定义面积,实际上把面积"代数化"了:根据不同的情况分别赋予面积以正号或负号. 可以证明,这样定义的函数仍满足条件(9)和条件(10). 证明这一事实并不存在任何实质性困难,只是需要耐心细致地进行推算. 总之,对于任意函数 $f(x)$ 找出了满足附加条件(10)的原函数 $h(x)$.

由于假设图形的面积存在是合乎情理的,因此这种构造函数 $h(x)$ 的方法一是说明它的存在,二是说明它是 $f(x)$ 的原函数. 但是,这种方法没有解决图形面积的计算(哪怕是利用电子计算机来近似计算)的问题. 我们稍后一点再介绍面积的计算方法,现在讨论已有结论的某些推论. 实际上,如果可以"猜到"(找到) $f(x)$ 的某个原函数 $h_1(x)$,那么就可以利用已有结果计算图形 $Q(x_0, x)$ 的面积. 假设随便用什么方法找到 $f(x)$ 的一个原函数 $h_1(x)$

$$h'_1(x) = f(x) \qquad (13)$$

在第6章的式(7)中用 $h(x)$ 代替 $h_2(x)$,得

$$h(x) = h_1(x) + C \qquad (14)$$

其中 C 是常数. 为确定该常数的值,在式(14)中令 $x = x_0$. 那么由(10)可见

$$0 = h(x_0) = h_1(x_0) + C$$

从而 $C = -h_1(x_0)$. 因此

$$h(x) = h_1(x) - h_1(x_0) \qquad (15)$$

公式(15)是一个极为重要的结果. 它把图形 $Q(x_0, x)$ 的面积通过 $f(x)$ 之任一原函数 $h_1(x)$ 的值表示出来. 我们称函数 $h(x)$ 为定积分,记作

$$h(x) = \int_{x_0}^{x} f(t)\, dt \qquad (16)$$

这里, x_0 称为积分下限, x 称为积分上限,而 t 称为积分变量.

函数 $h(x)$ 依赖已知函数 $f(x)$ 和积分界限 x_0 及 x,但是丝毫不依赖于积分变量,即不依赖于积分变量的记号. 作为积分变量可以使用任何字符. 例如,可以将式(16)写成

$$h(x) = \int_{x_0}^{x} f(\tau)\, d\tau$$

定积分作为有穷和的极限 现在研究图形 $Q(x_0, x)$ 的面积 $h(x)$ 的近似计算方法. 这里仍假设 $x_0 < x, f(x)$ 在区间 $[x_0, x]$ 的图象完全在横轴的上方. 我们用点

$$x_0 < x_1 < x_2 < \cdots < x_n = x \qquad (17)$$

把区间 $[x_0, x]$ 分割成 n 个小区间 $[x_{i-1}, x_i]$, $i = 1, 2, \cdots, n$. 为便于叙述,我们说分割(17)的长度为 δ,如果每一个小区间的长都不大于 δ,即满足条件

$$x_i - x_{i-1} < \delta \quad (i = 1, 2, \cdots, n) \qquad (18)$$

把前面对于区间 $[u,v]$ 引进的记号,用于每一个小区间 $[x_{i-1},x_i]$,并写出两个和式

$$M = (x_1 - x_0)\mu(x_0,x_1) + (x_2 - x_1)\mu(x_1,x_2) + \cdots +$$
$$(x_n - x_{n-1})\mu(x_{n-1},x_n) \tag{19}$$

$$N = (x_1 - x_0)\nu(x_0,x_1) + (x_2 - x_1)\nu(x_1,x_2) + \cdots +$$
$$(x_n - x_{n-1})\nu(x_n,x_{n-1}) \tag{20}$$

和式(19)中的 M 是一切形如

$$M(x_{i-1},x_i), i = 1,2,\cdots,n \tag{21}$$

的矩形的面积之和;和式(20)中的 N 是一切形如

$$N(x_{i-1},x_i), i = 1,2,\cdots,n \tag{22}$$

的矩形的面积之和.式(21)的 n 个矩形并在一起包含在图形 $Q(x_0,x)$ 内,而式(22)的 n 个矩形之和又包含图形 $Q(x_0,x)$.因此它们的面积有如下关系

$$M \leqslant h(x) \leqslant N \tag{23}$$

M 和 N 的值依赖于分点列(17),即依赖于分割区间 $[x_0,x]$ 的方式.随着分割长度 δ 的无限缩小,M 和 N 也无限接近,即当 $\delta \to 0$ 时,$N - M \to 0$.这一事实的证明并没有实质性困难,但是很麻烦很费时间.由此可见 M 和 N 都是面积 $h(x)$ 的近似值.然而,为求 N 和 M 需要求函数 $f(x)$ 在每个小区间 $[x_{i-1},x_i]$ 上的最大值和最小值,这是很不方便的.但是可以用下面的方法来补救.在每一个小区间 $[x_{i-1},x_i]$ 上任意取一点 ξ_i,并写出和

$$P = (x_1 - x_0)f(\xi_1) + (x_2 - x_1)f(\xi_2) + \cdots +$$
$$(x_n - x_{n-1})f(\xi_n) \tag{24}$$

由明显的不等式

$$\mu(x_{i-1},x_i) \leqslant f(\xi_i) \leqslant \nu(x_{i-1},x_i) \tag{25}$$

可见

$$M \leqslant P \leqslant N \tag{26}$$

因为当 $\delta \to 0$ 时,M 和 N 无限接近,故由式(23)和式(26)可见当分割式(17)的长度无限缩小时,$h(x)$ 和 P 的值也无限接近.因此可以用式(24)中的 P 作面积 $h(x)$ 的近似值.这就是面积 $h(x_0,x)$ 的近似求法,同时可以把它看作面积概念的数学定义.

收敛公设

首先看一个十分简单的利用第 7 章的公式(7)求面积的例子,进而由此引进极限存在性的重要准则.

考虑函数

$$f(x) = \frac{1}{x^2} = x^{-2} \tag{1}$$

假设 $x > 0$. 对任意固定的 x_0 和 $x(0 < x_0 < x)$,$Q(x_0, x)$ 是函数 $f(x)$ 的曲线和线段 $[x_0, x]$ 所夹的图形. 由第 5 章的式(23)知 $(-x^{-1})' = x^{-2}$,可见 $-x^{-1}$ 是 x^{-2} 的原函数. 故由第 7 章的(16)知图形 $Q(x_0, x)$ 的面积为

$$h(x) = \int_{x_0}^{x} \frac{dt}{t^2} = -\left(\frac{1}{x} - \frac{1}{x_0} \right)$$

即

$$h(x) = \frac{1}{x_0} - \frac{1}{x} \tag{2}$$

因为 $x_0 < x$,对 $h(x)$ 出现如下有趣的情形:当 $x \to \infty$ 时,等式(2)的右侧趋向 $\frac{1}{x_0}$. 由此可见,虽然曲线 $\frac{1}{x^2}$ 与横坐标轴所夹的地带向右无限地延伸直到无穷,然而线段 $x_0 x$、横坐标轴和曲线

$$y = \frac{1}{x^2}$$

三者所围的面积是有穷的,这样,上述图形的面积为

$$\int_{x_0}^{\infty} \frac{dt}{t^2} = \frac{1}{x_0} \tag{3}$$

与上面这种有些奇怪的现象相联系,存在着另一种现象,

它有十分重要的意义. 我们下面就讨论这种情形.

假设 k 是自然数. 考虑整数列

$$x_0 = k, x_1 = k+1, \cdots, x_i = k+i, \cdots, x_n = k+n = x \tag{4}$$

它把区间 $[x_0, x]$ 分割为长皆为 1 的小区间 $[x_{i-1}, x_i]$, $i = 1, 2, \cdots, n$. 并对于函数(1)和区间 $[x_{i-1}, x_i]$ 的上述分割, 写出形如第 7 章之式(19)的和 M. 注意, 这里函数 $f(x) = \dfrac{1}{x^2}$ 在每个小区间 $[x_{i-1}, x_i]$ 右端上达到最小值, 并且等于 $\dfrac{1}{x_i^2}$

$$\mu(x_{i-1}, x_i) = \frac{1}{x_i^2} = \frac{1}{(k+i)^2} \tag{5}$$

由于这时 M 依赖于 k 和 n, 因此记 $M = M(k,n)$. 最后根据第 7 章之式(19)写出

$$M = M(k,n) = \frac{1}{(k+1)^2} + \frac{1}{(k+2)^2} + \cdots + \frac{1}{(k+n)^n} \tag{6}$$

由第 7 章之式(23)的第一个不等式, 得

$$M(k,n) \leqslant \int_k^{k+n} \frac{\mathrm{d}t}{t^2} = \frac{1}{k} - \frac{1}{k+n} \tag{7}$$

现在令

$$k = 1, p = n+1, s_p = 1 + M(1, p) \tag{8}$$

那么, 有

$$s_p = \frac{1}{1^2} + \frac{1}{2^2} + \frac{1}{3^2} + \cdots + \frac{1}{p^2} \leqslant$$

$$1 + 1 - \frac{1}{p} = 2 - \frac{1}{p} \tag{9}$$

由此可见 s_p 的值永远不大于 2, 即

$$s_p \leqslant 2 \tag{10}$$

由式(9)可见, 当 p 增大时, s_p 也随之增大, 但是在不断增大的过程中总是有界的, 并且总小于 2. 直观上易见, 如果当 p 无限增大时, s_p 的值也不断增大但总是有界的, 那么它也应该趋向某个固定的数 s. 这一合乎情理的判断可以用公式表示成

$$\lim_{p \to \infty} s_p = s \tag{11}$$

收敛公设 我们不加证明地承认下面的命题.

假设 $\sigma(p)$ 是自然数 p 的函数, 满足两个条件: (i)当 p 增大时, $\sigma(p)$ 也随之增大, 即满足条件

$$\sigma(p+1) > \sigma(p) \quad (p = 1, 2, \cdots) \tag{12}$$

(ii)对 p 的一切值, $\sigma(p)$ 有界, 即满足条件

$$\sigma(p) \leqslant c \tag{13}$$

其中 c 是一不依赖于 p 的常数. 那么, 当 p 无限增大时, $\sigma(p)$ 趋向(无限地接近)某一个数 σ, 即

$$\lim_{p \to \infty} \sigma(p) = \sigma \tag{14}$$

现在对式(9)作如下描述. 考虑无穷和式(又称为无穷级数)

$$\frac{1}{1^2} + \frac{1}{2^2} + \cdots + \frac{1}{i^2} + \cdots \tag{15}$$

因为前 p 项的和 s_p(见式(9))满足收敛公设的条件, 所以可以认为式(15)无穷多项的和存在, 并且等于

$$s = \lim_{p \to \infty} s_p \tag{16}$$

这时, 我们说无穷级数(15)**收敛**, 其和为 s.

对于任意二自然数 p 和 q, 如果

$$p < q \tag{17}$$

则由式(6)、式(7)和式(9)可见

$$s_q = s_p + M(p, q-p) \tag{18}$$

而且

$$M(p, q-p) \leqslant \frac{1}{p} \tag{19}$$

从而, 有

$$s_q - s_p \leqslant \frac{1}{p} \tag{20}$$

由此可见, 如果用 s_p 作 s 的近似值, 则误差不大于 $\frac{1}{p}$. 因此, 可以把 s_p 当作 s 的近似值, 而且可以指出这种近似所产生误差的大小.

在代数中已经遇到过无穷级数的和, 即无穷等比级数的和

$$s = w + wv + wv^2 + \cdots + wv^i + \cdots \tag{21}$$

当 $|v| < 1$ 时此级数的和存在, 并且等于

$$\frac{w}{1-v} \tag{22}$$

因此, 我们已经遇到过无穷级数的求和问题, 并且求出了无穷等比级数的和(22).

无穷级数(15)的和也存在, 但是我们不能像等比级数那样把它的和用一个公式表示出来. 我们只知道该级数前 p 项的和 s_p 是它的和的近似值, 并且知道这种近似的精确程度(见式(21)). 我们既然可以求出 s 的任意精确的近似值, 那么我们就有理由认为数 s 是已知的. 我们在考虑 π 的值的时候, 已经遇到过类似的现象. 我们可以在任意的精确度下求出 π 的值, 但是却无法用一个代数公式来表示它.

关于数 s 的情形也完全一样, 它决定于等式(16), 而 s 是它的近似值.

牛顿二项式与等比级数的和

第 9 章

这一章将证明牛顿二项式及无穷等比级数的求和公式. 在下一章将用到这些公式.

牛顿二项式 为写出并且证明称为牛顿二项式的代数公式, 首先需要回忆自然数 n 的函数 $n!$ 的含义. 函数 $n!$ 表示

$$n! = 1 \cdot 2 \cdot 3 \cdots n \tag{1}$$

这样, $n!$（读作"n 的阶乘"）是前 n 个自然数的积. 例如

$$1! = 1, 2! = 1 \cdot 2 = 2, 3! = 1 \cdot 2 \cdot 3 = 6$$
$$4! = 1 \cdot 2 \cdot 3 \cdot 4 = 24$$

为方便计, 规定

$$0! = 1 \tag{2}$$

所谓牛顿公式, 即

$$(u + v)^n = \sum_{k=0}^{n} \mathrm{C}_n^k u^{n-k} v^k \tag{3}$$

其中 $\mathrm{C}_n^k = \dfrac{n!}{(n-k)!k!}$ 是组合数. 易见, 等式右侧是形如

$$\frac{n!}{i!\,j!} u^i v^j \tag{4}$$

的项之和, 其中 i 和 j 是非负整数, 且 $i + j = n$. 我们用数学归纳法证明式 (3): 首先说明式 (3) 对于 $n = 1$ 成立; 其次, 假设式

（3）对于 n 成立，证明它对于 $n+1$ 成立.

对于 $n=1$，由

$$(u+v)^1 = u+v = \frac{1!}{1!0!}u + \frac{1!}{0!1!}v \tag{5}$$

可见式（3）对于 $n=1$ 成立.

现在假设式（3）对于 n 成立. 为证明它对于 $n+1$ 也成立，把等式（3）两侧同时乘以 $u+v$. 那么，由左侧得 $(u+v)^{n+1}$，而右侧各项含形如 $u^p v^q$ 的因子，其中 $p+q = n+1$. 对于形如式（4）的项，如果

$$i=p-1, j=q \text{ 或 } i=p, j=q-1$$

则乘以 $u+v$ 后即得含因子 $u^p v^q$ 的项：当 $i=p-1, j=q$ 时，$u^i v^j$ 乘 u 得 $u^p v^q$；当 $i=p, j=q-1$ 时，$u^i v^j$ 乘 v 得 $u^p v^q$. 因此，等式（3）的右侧乘以 $(u+v)$ 后，$u^p v^q$ 项的系数为

$$\frac{n!}{(p-1)!q!} + \frac{n!}{p!(q-1)!} \tag{6}$$

如果将第一项的分子和分母同乘以 p，将第二项的分子和分母同乘以 q，那么式（6）即可化为

$$\frac{n!p}{p!q!} + \frac{n!q}{p!q!} = \frac{n!(p+q)}{p!q!} = \frac{(n+1)!}{p!q!} \tag{7}$$

从而最后得

$$(u+v)^{n+1} = \sum_{\substack{p,q \\ p+q=n+1}} \frac{(n+1)!}{p!q!} u^p v^q$$

$$= \sum_{k=0}^{n+1} C_{n+1}^k u^{n-k+1} v^k \tag{8}$$

其中 $C_{n+1}^k = \frac{(n+1)!}{(n-k+1)!k!}$. 从而，根据数学归纳法式（3）得证.

公式（3）中的系数

$$C_n^k = \frac{n!}{(n-k)!k!} \tag{9}$$

还可以改写成其他形式. 事实上，由

$$\frac{n!}{(n-k)!} = n(n-1)\cdots(n-k+1) \tag{10}$$

可见

$$C_n^k = \frac{n!}{(n-k)!k!} = \frac{n(n-1)\cdots(n-k+1)}{k!} \tag{11}$$

从而公式(3)可以写成

$$(u+v)^n = u^n + \frac{n}{1!}u^{n-1}v + \frac{n(n-1)}{2!}u^{n-2}v^2 + \cdots +$$

$$\frac{n(n-1)\cdots(n-k+1)}{k!}u^{n-k}v^k + \cdots + v^n \tag{12}$$

等比级数的和　我们现在重新推导代数中的一个熟知的公式. 令

$$g_m = w + w \cdot v + w \cdot v^2 + \cdots + w \cdot v^m \tag{13}$$

将等式右侧乘以 $1-v$ 再除以 $1-v$,然后利用第 2 章的公式(9),令其中 $u=1$.
由此可得

$$g_m = w \cdot \frac{1-v^{m+1}}{1-v} \tag{14}$$

我们以后仅对于

$$0 < v < 1, w > 0$$

的情形用到式(14). 这时

$$g_m < \frac{w}{1-v} \tag{15}$$

函数 e^x

在这一章里,我们首先严格地定义函数 e^x,其中自变量 x 可以取任意实数为值,而 e 是数学中一个众所周知的重要数
$$e = 2.718\ 281\ 828\ 429\ 045\cdots$$
考虑函数
$$\omega_n(x) = \left(1 + \frac{x}{n}\right)^n \tag{1}$$
其中 n 是自然数. 我们的研究就从研究函数 $\omega_n(x)$ 开始. 这样定义的函数 $\omega_n(x)$ 是 x 的多项式. 首先证明,对于每个固定的 x,当 $n \to +\infty$ 时,$\omega_n(x)$ 趋向某极限 $\exp(x)$,即首先证明
$$\lim_{n \to +\infty} \omega_n(x) = \exp(x) \tag{2}$$
然后进一步仔细研究由式(2)定义的函数,从而得出结论
$$\exp(x) = e^x \tag{3}$$
函数 $w_n(x)$ 的研究($x > 0$ 的情形) 在第 9 章的式(12)中令 $u = 1, v = \frac{x}{n}$,得
$$\omega_n(x) = 1 + \frac{n}{1!} \cdot \frac{x}{n} + \frac{n(n-1)}{2!} \cdot \frac{x^2}{n^2} + \cdots +$$
$$\frac{n(n-1)\cdots(n-k+1)}{k!} \cdot \frac{x^k}{n^k} + \cdots \tag{4}$$
变换 x^k 的系数,有
$$\frac{n(n-1)\cdots(n-k+1)}{k!\,n^k} =$$
$$1 \cdot \left(1 - \frac{1}{n}\right) \cdot \left(1 - \frac{2}{n}\right) \cdot \cdots \cdot \left(1 - \frac{k-1}{n}\right) \cdot \frac{1}{k!} \tag{5}$$
记

$$\gamma_n(k) = 1 \cdot \left(1 - \frac{1}{n}\right) \cdot \left(1 - \frac{2}{n}\right) \cdots \left(1 - \frac{k-1}{n}\right) \tag{6}$$

现在可以将式(4)写成

$$\omega_n(x) = 1 + \gamma_n(1)\frac{x}{1!} + \cdots + \gamma_n(k)\frac{x^k}{k!} + \cdots \tag{7}$$

易见,$\gamma_n(k)$具有下列性质

$$\gamma_n(1) = 1 \tag{8}$$

$$0 < \gamma_n(k) < \gamma_{n+1}(k) < 1 \quad (1 < k \leqslant n) \tag{9}$$

$$\gamma_n(k) = 0 \quad (k > n)$$

由式(7)和不等式(9)可见,当$x > 0$时,有

$$\omega_n(x) < \omega_{n+1}(x) \tag{10}$$

现在固定$x(-\infty < x < +\infty)$,并且选一充分大的自然数p,使$|x| < p+1$,即

$$\frac{|x|}{p+1} < 1 \tag{11}$$

那么,当$k > p$时,有

$$\frac{\gamma_n(k)}{k!} \cdot |x|^k \leqslant \frac{|x|^k}{k!} =$$

$$\frac{|x|^p}{p!} \cdot \frac{|x|}{p+1} \cdot \frac{|x|}{p+2} \cdots \frac{|x|}{k} \leqslant$$

$$\frac{|x|^p}{p!} \cdot \frac{|x|^{k-p}}{(p+1)^{k-p}} \tag{12}$$

把和式(7)分成两部分

$$\omega_n(x) = s_n(p,x) + r_n(p,x) \tag{13}$$

其中

$$s_n(p,x) = 1 + \gamma_n(1) \cdot \frac{x}{1!} + \gamma_n(2)\frac{x^2}{2!} + \cdots +$$

$$\gamma_n(i) \cdot \frac{x^i}{i!} + \cdots + \gamma_n(p) \cdot \frac{x^p}{p!} \tag{14}$$

$$r_n(p,x) = \gamma_n(p+1) \cdot \frac{x^{p+1}}{(p+1)!} + \cdots +$$

$$\gamma_n(k) \cdot \frac{x^k}{k!} + \cdots \tag{15}$$

这里$i \leqslant p, k > p$.

由式(12),可见

$$|r_n(p,x)| \leqslant$$

$$\frac{|x|^p}{p!}\left[\frac{|x|}{p+1} + \frac{|x|^2}{(p+1)^2} + \cdots + \frac{|x|^{k-p}}{(p+1)^{k-p}} + \cdots\right] <$$

$$\frac{|x|^p}{p!} \cdot \frac{\dfrac{|x|}{p+1}}{1-\dfrac{|x|}{p+1}} = \frac{|x|^p}{p!} \cdot \frac{|x|}{p+1-|x|}$$

（见式（11）和第 9 章的式（15））. 由此可见，当 $|x| < p+1$ 时，有

$$|r_n(p,x)| < \frac{|x|^p}{p!} \cdot \frac{|x|}{p+1-|x|} \tag{16}$$

因此，当 n 无限增大时，$|r_n(p,x)|$ 有界. 从而存在 $c(x)$，使

$$\omega_n(x) < c(x) \tag{17}$$

其中 $c(x)$ 依赖于 x，但是不依赖于 n. 这样，由式（10）和（17）可见，对于任意固定的 $x > 0$，当 n 无限增大时，$\omega_n(x)$ 也随着增大并且有界，因而根据收敛公设（见第 8 章），当 $n \to +\infty$ 时，$\omega_n(x)$ 有极限，记作 $\exp(x)$. 这样就证明了，当 $x > 0$ 时，有

$$\exp(x) = \lim_{n \to +\infty} \omega_n(x)$$

函数 $\omega_n(x)$ 的研究（$|x| \leq 1$ 的情形） 这时为满足式（11），可以令 $p = 1$. 那么可以把式（13）改写成

$$\omega_n(x) = 1 + x + r_n(1,x)$$

其中

$$|r_n(1,x)| < |x| \cdot \frac{|x|}{2-|x|} \leq |x|^2$$

因此，当 $|x| \leq 1$ 时，最后得

$$\omega_n(x) = 1 + x + r_n(1,x) \tag{18}$$

其中

$$|r_n(1,x)| < x^2$$

现在假设

$$\xi_1, \xi_2, \cdots, \xi_n, \cdots \tag{19}$$

是一趋向 0 的数列. 考虑 $\omega_n(\xi_n)$. 因为当 n 充分大时 $|\xi_n| < 1$，故由式（18）可见，当 n 充分大时，有

$$\omega_n(\xi_n) = 1 + \xi_n + r_n(1,\xi_n)$$

其中

$$|r_n(1,\xi_n)| < \xi_n^2$$

由此得最后结论：如果 $\xi_n \to 0$，则

$$\lim_{n \to +\infty} \omega_n(\xi_n) = 1 \tag{20}$$

函数 $\omega_n(x)$ 的研究（$x < 0$ 的情形） 现在讨论函数 $\omega_n(x)$ 的自变量 x 取负

值的情形. 为此考虑函数

$$\omega_n(-x) \tag{21}$$

其中 $x > 0$. 看函数的积 $\omega_n(-x)\omega_n(x)$. 有

$$\omega_n(-x)\omega_n(x) = \left(1 - \frac{x^2}{n^2}\right)^n = \omega_n(\xi_n) \tag{22}$$

其中

$$\xi_n = -\frac{x^2}{n}$$

因为

$$\lim_{n \to +\infty} \xi_n = 0$$

所以由(20)知

$$\lim_{n \to +\infty} \omega_n(\xi_n) = 1 \tag{23}$$

另一方面, 由(22)有

$$\omega_n(-x) = \frac{\omega_n(\xi_n)}{\omega_n(x)}$$

而且当 $n \to +\infty$ 时右侧分子和分母都有极限. 从而

$$\lim_{n \to +\infty} \omega_n(-x) = \frac{\lim\limits_{n \to +\infty} \omega_n(\xi_n)}{\lim\limits_{n \to +\infty} \omega_n(x)} = \frac{1}{\exp(x)}$$

这样, 我们证明了, 当 x 取正值时, 函数 $\omega_n(-x)$ 有极限. 因此, 有

$$\lim_{n \to +\infty} \omega_n(-x) = \exp(-x)$$

而且满足

$$\exp(-x) = \frac{1}{\exp(x)} \tag{24}$$

这里同时证明了函数 $\exp(x)$ 的一条重要性质, 即

$$\exp(-x) \cdot \exp(x) = 1 \tag{25}$$

其中 $x < 0$. 由于对称性, 可以用 x 代替 $-x$. 结果得

$$\exp(x) \cdot \exp(-x) = 1 \tag{26}$$

其中 $x < 0$. 此外, 由式(1)知, 当 $x = 0$ 时 $\omega_n(x) = 1$. 因此, 由 $\exp(x)$ 的含义, 知

$$\exp(0) = \lim_{h \to +\infty} \omega_n(0) \tag{27}$$

从而, 对于一切实数 x, 我们得到一个十分重要的关系式

$$\exp(x) \cdot \exp(-x) = 1 \tag{28}$$

这样, 我们证明了, 对于任意实数 x, 当 $n \to +\infty$ 时, $\omega_n(x)$ 有极限, 因而可以令

$$\exp(x) = \lim_{n \to +\infty} \omega_n(x) \tag{29}$$

由式(18)可见,当$|x| \le 1$时,有

$$\exp(x) = 1 + x + r(x) \tag{30}$$

其中

$$|r(x)| < x^2$$

函数$\exp(x)$的基本性质　函数$\exp(x)$的一条最重要性质是:对于任意二实数x和y,有

$$\exp(x) \cdot \exp(y) = \exp(x + y) \tag{31}$$

为证明这条重要的性质,我们研究函数$\omega_n(x)$与$\omega_n(y)$的积. 有

$$\omega_n(x)\omega_n(y) = \left(1 + \frac{x}{n}\right)^n \left(1 + \frac{y}{n}\right)^n =$$
$$\left(1 + \frac{x+y}{n} + \frac{xy}{n^2}\right)^n \tag{32}$$

其次

$$1 + \frac{x+y}{n} + \frac{xy}{n^2} =$$
$$\left(1 + \frac{x+y}{n}\right)\left(1 + \frac{xy}{n(n+x+y)}\right) =$$
$$\left(1 + \frac{x+y}{n}\right)\left(1 + \frac{\xi_n}{n}\right) \tag{33}$$

其中

$$\xi_n = \frac{xy}{n+x+y} \tag{34}$$

由式(32)和式(33)可见

$$\omega_n(x)\omega_n(y) = \omega_n(x+y)\omega_n(\xi_n) \tag{35}$$

其中$\lim_{n \to +\infty} \omega_n(\xi_n) = 1$,因为$\lim_{n \to +\infty} \xi_n = 0$(见式(20)). 因此,在式(35)中当$n \to +\infty$时求极限,得

$$\exp(x) \cdot \exp(y) = \exp(x + y)$$

从而(31)得证.

关系式(31)是两个因子相乘的情形. 它显然可以推广到多个因子相乘的情形. 特别,如果有p个相同的因子,则得

$$[\exp(x)]^p = \exp(px) \tag{36}$$

其中p是自然数. 由此以及式(27)和式(28),可见

$$[\exp(x)]^p = \exp(px) \tag{37}$$

其中 p 是任意整数. 把 (37) 中的整数 p 换成整数 q, 把 $px = qx$ 换成 y, 则得

$$\left[\exp\left(\frac{y}{q}\right)\right]^q = \exp(y) \tag{38}$$

由此可见

$$\exp\left(\frac{y}{q}\right) = \left[\exp(y)\right]^{\frac{1}{q}} \tag{39}$$

于该式两侧同乘 p 次方, 得

$$\left[\exp\left(\frac{y}{q}\right)\right]^p = \left[\exp(y)\right]^{\frac{p}{q}} \tag{40}$$

由式 (36), 可见

$$\left[\exp\left(\frac{y}{q}\right)\right]^p = \exp\left(\frac{p}{q}y\right) \tag{41}$$

于是, 最后得

$$\exp\left(\frac{p}{q}y\right) = \left[\exp(y)\right]^{\frac{p}{q}} \tag{42}$$

在式 (42) 中把 y 换成 x, 并且令 $r = \dfrac{p}{q}$, 即可得公式

$$\exp(rx) = \left[\exp(x)\right]^r \tag{43}$$

其中 r 是任意有理数.

数 e 和函数 e^x   我们把数 e 定义为

$$\mathrm{e} = \exp(1) \tag{44}$$

这样, 有

$$\mathrm{e} = \lim_{n \to +\infty}\left(1 + \frac{1}{n}\right)^n \tag{45}$$

这就是实数 e 的通用的定义. 如果在式 (43) 中令 $x = 1$, 则得

$$\exp(r) = \mathrm{e}^r \tag{46}$$

其中 r 是任意有理数, e^r 是实数 e 的 r 次幂, 而乘有理数 r 次方是普通的代数运算. 这样, 我们证明了, 对于任意有理数 r, 当 $x = r$ 时, 函数 $\exp(x)$ 恰好取 e^r 为值. 现在, 对于任意实数 x(不一定是有理数), 令

$$\mathrm{e}^x = \exp(x) \tag{47}$$

从而定义了函数 e^x. 此式右侧已由 (29) 定义. 因此, 由式 (1), (29) 和式 (47), 知

$$\mathrm{e}^x = \exp(x) = \lim_{n \to +\infty}\omega_n(x) =$$

$$\lim_{n \to +\infty}\left(1 + \frac{x}{n}\right)^n$$

总之,我们首先对于任意有理数 x 用纯代数的方法定义了函数 e^x;然后通过式 (47) 把函数 e^x 的定义推广到任意实数 x. 对于任意实数 x,这样定义 e^x 是唯一合理的. 这样构造出来的函数 e^x 具有如下的性质

$$e^0 = 1, e^x e^y = e^{x+y} \tag{48}$$

因为 $e^x = \exp(x)$,故由 $\exp(x)$ 的性质 (27) 和性质 (31) 立即得式 (48). 除此之外,函数 e^x 有导数. 我们下面求 e^x 的导数.

函数 e^x 的导数 为求函数 e^x 的导数,在第 1 章的式 (21) 中令

$$\xi = x + h \tag{49}$$

有

$$(e^x)' = \lim_{h \to 0} \frac{e^{x+h} - e^x}{h} = \lim_{h \to 0} \frac{e^x(e^h - 1)}{h} \tag{50}$$

当 h 充分小时 (只要 $|h| < 1$),可以利用式 (30) 来表示函数 e^h,有

$$e^h = 1 + h + r(h)$$

其中

$$|r(h)| < h^2 \tag{51}$$

由此可见

$$\lim_{h \to 0} \frac{e^h - 1}{h} = 1 \tag{52}$$

从而由式 (50),得

$$(e^x)' = e^x \tag{53}$$

这样就求出了函数 e^x 的导数. 它具有极好的性质:函数 e^x 的导数与函数 e^x 本身重合. 对于任意常数 c,函数 ce^x 具有同样的性质

$$(ce^x)' = ce^x \tag{54}$$

可以证明 (见第 11 章的练习 3):任何函数 $f(x)$,只要它满足方程

$$f'(x) = f(x) \tag{55}$$

则

$$f(x) = ce^x \tag{56}$$

其中 c 是一常数.

函数 $\ln x$

考虑方程

$$e^y = x \tag{1}$$

对于固定的 $x > 0$，方程 (1) 关于 y 有解，称为 x 的自然对数，记作

$$y = \ln x \tag{2}$$

作为 y 的函数，e^y 对于一切实数 $y(-\infty < y < +\infty)$ 有定义，而 $x = e^y$ 的值域为 $0 < x < +\infty$. 由于对于一切 y，函数 e^y 的导数都大于 0，可见方程 (1) 的解 $y = \ln x$ 对于一切 $0 < x < +\infty$ 有定义并且可微 (见第 5 章，反函数).

注意到 $y = \varphi(x) = \ln x$ 是 x 的函数，因而 e^y 是复合函数. 在等式 (1) 两侧同时对 x 求导数，其中左侧按复合函数的微分法来求 (见第 5 章 (16))，得

$$(e^y)' \cdot \varphi'(x) = 1 \tag{3}$$

其中 $(e^y)' = e^y$，而 $y = \varphi(x) = \ln x$，由此可见

$$(e^y)' = e^y = e^{\varphi(x)} = e^{\ln x} = x$$

因此由 (3) 得

$$\varphi'(x) = \frac{1}{x} \tag{4}$$

这里 $\varphi(x) = \ln x$ 是 x 的自然对数. 从而，函数 $\ln x$ 的导数为

$$(\ln x)' = \frac{1}{x} \tag{5}$$

第 11 章

函数 e^x 的级数展开

第 12 章

利用第 10 章的结果可以把函数 e^x 展开为幂级数.

由第 10 章的式(6),知

$$\lim_{n \to +\infty} \gamma_n(k) = 1 \tag{1}$$

选择一自然数 p,使 $p + 1 > 10|x|$. 那么由第 10 章的式(12),得

$$\frac{\gamma_n(k)}{k!} |x|^k \leqslant \frac{|x|^p}{p!} \cdot \frac{1}{10^{k-p}}$$

当 $n \to +\infty$ 时求极限,得

$$\frac{|x|^k}{k!} \leqslant \frac{|x|^p}{p!} \cdot \frac{1}{10^{k-p}} \tag{2}$$

因为对于固定的 x,p 也是一定的,因此由(2)可见,当 $k \to 0$ 时,$\dfrac{|x|^k}{k!} \to 0$. 这样,对于固定的 x,可以找到一充分大的自然数 q,使当 $k \geqslant q$ 时,有

$$\frac{|x|^k}{k!} < 1 \tag{3}$$

虽然该式的证明是对选定的自然数 p 作的,然而最后的结果并不依赖于 p.

现在假设在第 10 章的(16)中 $p > q$. 那么

$$|r_n(p,x)| < \frac{|x|^p}{p!} \cdot \frac{|x|}{p+1-|x|} < \frac{|x|}{p+1-|x|}$$

而由第 10 章的(13)可见

$$|\omega_n(x) - s_n(p,x)| < \frac{|x|}{p+1-|x|} \tag{4}$$

由式(1)和第10章的(14),知如果在(4)中令 $n \to +\infty$ 求极限,则有

$$\left| e^x - \left(1 + \frac{x}{1!} + \frac{x^2}{2!} + \cdots + \frac{x^p}{p!} \right) \right| < \frac{|x|}{p+1-|x|}$$

由于当 $p \to +\infty$ 时不等式右侧趋向 0,故

$$e^x = 1 + \frac{x}{1!} + \frac{x^2}{2!} + \cdots + \frac{x^p}{p!} + \cdots \qquad (5)$$

即函数 e^x 是无穷级数的和.

令 $x=1$,得

$$e = 1 + \frac{1}{1!} + \frac{1}{2!} + \cdots + \frac{1}{p!} + \cdots \qquad (6)$$

公式(6)和(5)用于函数 e^x 和 e 的值的计算.

后记——关于极限理论

第 13 章

经验使我深信,初学数学分析不应从学习极限理论开始.当我还是中学生的时候,已经相当好地掌握了微积分的基础知识,并且学会使用微积分的方法解题.但是当时我甚至不知道还有个极限理论,以致到大学一年级听说还存在所谓极限理论时,竟感到十分惊讶.历史上,早在极限理论出现以前,微积分学已经是很发达的数学领域.极限理论是在微积分学理论基础上形成的.许多物理学家认为,为了很好地理解微积分根本不需要导数和积分的所谓严格定义.我赞同这种观点.我认为在中学讲数学分析从极限理论开始讲起,就会完全束缚住手脚,因而得不到任何富有内容的效果.如果有必要,则也应在了解了数学分析有关的基本内容之后再介绍极限理论.所以我仅在后记中很不严格并且十分直观地讲一下极限理论.

极限理论 极限的概念总是与研究函数 $f(\xi)$ 随自变量 ξ 的变化而变化联系在一起的.这里,函数 $f(\xi)$ 的变化和自变量 ξ 的变化二者之间的相互联系具有很独特的性质.问题在于研究当自变量 ξ 无限接近某个固定值 x 时,函数是如何变化的.如果在自变量 ξ 接近固定值 x 的过程中,函数值 $f(\xi)$ 也接近某个常数值 f_0(一般并不要求函数 $f(\xi)$ 在 $\xi = x$ 有定义),就说当 $\xi \to x$ 时函数 $f(\xi)$ 趋向极限 f_0.这可以用数学式表示为

$$\lim_{\xi \to x} f(\xi) = f_0 \tag{1}$$

立足于以下正式定义只作直观解释,我们应把 ξ 看成 x 的近似值,而且 ξ 越接近 x 这种近似的精确程度就越高.同样,应该把 $f(\xi)$ 的值看成 f_0 的近似值,而且随着 ξ 与 x 近似程度的增高,这种近似的精度也不断提高.

基于这样的直观描述,很容易理解极限运算的基本法则. 假设函数 $f(\xi)$ 和 $g(\xi)$ 满足条件

$$\lim_{\xi \to x} f(\xi) = f_0, \lim_{\xi \to x} g(\xi) = g_0 \qquad (2)$$

即当 ξ 在变化中成为 x 的越来越精确的近似值时,$f(\xi)$ 和 $g(\xi)$ 也相应地成为 f_0 和 g_0 的越来越精确的近似值. 那么,$f(\xi) + g(\xi)$ 就是 $f_0 + g_0$ 的近似值,而且 $f(\xi)$ 近似于 f_0 和 $g(\xi)$ 近似于 g_0 的精度越高,$f(\xi) + g(\xi)$ 近似于 $f_0 + g_0$ 的精度也就越高. 由此得极限理论的**法则 1**

$$\lim_{\xi \to x} [f(\xi) + g(\xi)] = f_0 + g_0 = \lim_{\xi \to x} f(\xi) + \lim_{\xi \to x} g(\xi) \qquad (3)$$

对于两函数的积也有类似的结果. 显然积 $f(\xi) \cdot g(\xi)$ 是积 $f_0 \cdot g_0$ 的近似值. $f(\xi)$ 近似于 f_0 及 $g(\xi)$ 近似于 g_0 的精度越高,$f(\xi) \cdot g(\xi)$ 近似于 $f_0 g_0$ 的精确程度也就越高. 由此得极限理论的**法则 2**

$$\lim_{\xi \to x} [f(\xi) \cdot g(\xi)] = f_0 \cdot g_0 = \lim_{\xi \to x} f(\xi) \cdot \lim_{\xi \to x} g(\xi) \qquad (4)$$

同理可得极限理论的**法则 3**

$$\lim_{\xi \to x} \frac{f(\xi)}{g(\xi)} = \frac{f_0}{g_0} = \frac{\lim\limits_{\xi \to x} f(\xi)}{\lim\limits_{\xi \to x} g(\xi)} \qquad (5)$$

不过法则 3 只有当 g_0 不等于 0 时才成立.

极限理论的另一个法则涉及不等式. 假设当 ξ 无限接近 x 时,$f(\xi)$ 无限接近于 f_0,而 $g(\xi)$ 无限接近于 g_0,并且 $f(\xi)$ 的值总是不大于 $g(\xi)$ 的值. 那么显然 $f_0 \leqslant g_0$. 换句话说,由

$$f(\xi) \leqslant g(\xi) \qquad (6)$$

可见

$$f_0 \leqslant g_0$$

即

$$\lim_{\xi \to x} f(\xi) \leqslant \lim_{\xi \to x} g(\xi) \qquad (7)$$

有一种情形不同于但类似于上述情形. 这时函数的自变量 ξ 不是在变化中接近于某常数 x 的变量,而是无限增大的非负整数 n. 因此这里研究的是函数 $f(n)$ 和 $g(n)$,习惯上记作

$$f(n) = f_n, g(n) = g_n \qquad (8)$$

这里需要当 n 无限增大时,讨论 f_n 的值变化的情况. 如果这时 f_n 无限接近

于 f_0,则记作

$$\lim_{n \to +\infty} f_n = f_0 \qquad (9)$$

如果同时还有

$$\lim_{n \to +\infty} g_n = g_0 \qquad (10)$$

则与 $f(\xi)$ 和 $g(\xi)$ 的情形类似,可以得到极限理论的下列几个法则

$$\lim_{n \to +\infty} (f_n + g_n) = \lim_{n \to +\infty} f_n + \lim_{n \to +\infty} g_n \qquad (11)$$

$$\lim_{n \to +\infty} f_n g_n = \lim_{n \to +\infty} f_n \cdot \lim_{n \to +\infty} g_n \qquad (12)$$

$$\lim_{n \to +\infty} \frac{f_n}{g_n} = \frac{\lim\limits_{n \to +\infty} f_n}{\lim\limits_{n \to +\infty} g_n} \qquad (13)$$

其中式(13)只有当 $\lim\limits_{n \to +\infty} g_n \neq 0$ 时才成立.

此外,如果对于一切 n 有 $f_n \leqslant g_n$,则

$$\lim_{n \to +\infty} f_n \leqslant \lim_{n \to +\infty} g_n \qquad (14)$$

连续函数 利用极限的概念可以定义连续函数的概念. 假设函数 $f(\xi)$ 对于 $\xi = x$ 有定义,那么称函数 $f(\xi)$ 为在 $\xi = x$ 连续的,则

$$\lim_{\xi \to x} f(\xi) = f(x) \qquad (15)$$

称函数 $f(\xi)$ 为**连续函数**. 如果它对于一切 x 连续, $f(\xi)$ 和 $g(\xi)$ 是连续函数,则由极限理论的法则 1,2,3,可见和 $f(\xi) + g(\xi)$、积 $f(\xi)g(\xi)$、商 $\dfrac{f(\xi)}{g(\xi)}$ 也是连续函数,其中商 $\dfrac{f(\xi)}{g(\xi)}$ 仅对满足 $g(x) \neq 0$ 的 x 值连续.

当然,本书中所研究的函数都是连续的,而且它们都有导数. 不过在叙述过程中没有必要到处都提起上述事实,因为这应当是显而易见的和不言而喻的.

55

练 习

第 1 章

我们首先指出求导数的方法. 由第 1 章的定义知函数 $f(x)$ 的导数 $f'(x)$ 为

$$f'(x) = \lim_{\xi \to x} \frac{f(\xi) - f(x)}{\xi - x} \tag{1}$$

因此, 在根据定义求导数时, 应首先写出比

$$\frac{f(\xi) - f(x)}{\xi - x} \tag{2}$$

其次, 对于固定的 x, 当 $\xi \to x$ 时, 看此比值如何变动. 如果分式 (2) 趋向某一极限, 那么此极限就是 $f(x)$ 的导数 $f'(x)$. 如果式 (2) 中 $f(\xi) - f(x)$ 可以被 $\xi - x$ 整除, 则求分式 (2) 的极限特别简单: 首先求出分式 (2) 的商, 然后把其中的 ξ 换成 x, 即可得到 $f(x)$ 的导数 $f'(x)$. 如果可以从 $f(\xi) - f(x)$ 中分解出因子 $\xi - x$, 那么就可以用上述方法求 $f'(x)$. 由于因式分解是一种较难的代数运算, 因此可以作相应的变换, 把 $\xi - x$ 变为单项式再行处理. 为此令

$$h = \xi - x \tag{3}$$

即

$$\xi = x + h \tag{4}$$

当 $\xi \to x$ 时显然 $h \to 0$. 因此在新记号下式 (1) 可以写成

$$f'(x) = \lim_{h \to 0} \frac{f(x+h) - f(x)}{h} \tag{5}$$

这里, h 称为自变量的增量, 而差

$$f(x+h) - f(x) \tag{6}$$

称为函数的增量. 如果由式 (6) 可以分解出因子 h, 则它被 h 除是纯代数运算. 最后在所得商中令 $h = 0$ 即可得 $f'(x)$. 当 $f(x)$ 是有理函数时, 这种方法最有效; 当 $f(x)$ 含有根式时, 这种方法也可能奏效. 例如, 假设式 (6) 为 $\sqrt{a} - \sqrt{b}$, 其中 a 和 b 都是有理式. 那么将此式同时乘以和除以 $\sqrt{a} + \sqrt{b}$, 可得

$$(\sqrt{a} - \sqrt{b}) \cdot \frac{\sqrt{a} + \sqrt{b}}{\sqrt{a} + \sqrt{b}} = \frac{a - b}{\sqrt{a} + \sqrt{b}}$$

这时 $a - b$ 已是有理式. 因此, 欲利用导数的定义 (1), 则将 $a - b$ 除以 $\xi - x$; 欲

利用定义(5),则应将 $a-b$ 除以 h.

试在下列各题中,用上面介绍的方法求函数 $f(x)$ 的导数:

练习1 $f(x)=ax^2+bx+c.$

答案:$f'(x)=2ax+b.$

练习2 $f(x)=ax^3+bx^2+cx+d.$

答案:$f'(x)=3ax^2+2bx+c.$

练习3 $f(x)=\dfrac{1}{x}.$

答案:$f'(x)=-\dfrac{1}{x^2}.$

练习4 $f(x)=\dfrac{1}{x^2}.$

答案:$f(x)=-\dfrac{2}{x^3}.$

练习5 $f(x)=\dfrac{x-a}{x-b}.$

答案:$f'(x)=\dfrac{a-b}{(x-b)^2}.$

练习6 $f(x)=\dfrac{1}{ax^2+bx+c}.$

答案:$f'(x)=-\dfrac{2ax+b}{(ax^2+bx+c)^2}.$

练习7 $f(x)=\sqrt{x}.$

答案:$f'(x)=\dfrac{1}{2\sqrt{x}}.$

练习8 $f(x)=\sqrt{ax^2+bx+c}.$

答案:$f'(x)=\dfrac{2ax+b}{2\sqrt{ax^2+bx+c}}.$

第2章

由于求多项式的导数非常简单,故这里没有什么难题. 因此我们只提供两个练习题,其中第2题下面要用到.

试求下列两多项式的导数:

练习1 $f(x)=x^4+4x^3+6x^2+4x+1.$

答案: $f'(x) = 4(x^3 + 3x^2 + 3x + 1)$.

练习 2 $f(x) = 3x^5 - 5(a^2 + b^2)x^3 + 15a^2b^2x$.

答案: $f'(x) = 15[x^4 - (a^2 + b^2)x^2 + a^2b^2]$.

第 3 章

在下面的练习中 $f(x)$ 是多项式. 试求出多项式 $f(x)$ 的递增区间和递减区间, 找出使 $f(x)$ 达到极小值或极大值的点, 并判断哪是极小值点, 哪是极大值点.

练习 1 $f(x) = x^4 - px^2 + q$.

答案: 当 $p \leqslant 0$ 时, 多项式 $f(x)$ 在区间 $-\infty < x \leqslant 0$ 递减, 在区间 $0 \leqslant x < +\infty$ 递增. $f(x)$ 在 $x = 0$ 有极小值. 当 $p < 0$ 时, $f''(0) > 0$, 当 $p = 0$ 时 $f''(0) = 0$. 由此可见第 3 章的条件 (30) 不是函数有极小值的必要条件. 当 $p > 0$ 时, 多项式 $f(x)$ 在 $x = 0$ 有极小值, 而在 $x = -\sqrt{\dfrac{p}{2}}$ 和 $x = \sqrt{\dfrac{p}{2}}$ 有两个极大值. 当 $-\infty < x \leqslant -\sqrt{\dfrac{p}{2}}$ 时 $f(x)$ 递减; 当 $-\sqrt{\dfrac{p}{2}} \leqslant x \leqslant 0$ 时 $f(x)$ 递增; 当 $0 \leqslant x \leqslant \sqrt{\dfrac{p}{2}}$ 时 $f(x)$ 递减; 当 $\sqrt{\dfrac{p}{2}} \leqslant x < +\infty$ 时 $f(x)$ 递增.

练习 2 $f(x) = 3x^5 - 5(a^2 + b^2)x^3 + 15a^2b^2x$ (见第 2 章的练习 2).

答案: 假设 a 和 b 都是正数. 不妨设 $a > b$. 多项式 $f(x)$ 在区间 $-\infty < x \leqslant -a$ 上递增, 在 $-a \leqslant x \leqslant -b$ 上递减, 在 $-b \leqslant x \leqslant b$ 上递增, 在 $b \leqslant x \leqslant a$ 上递减, 在 $a \leqslant x \leqslant +\infty$ 上递增. $f(x)$ 在点 $x = -a$ 和 $x = b$ 有极大值, 在点 $x = -b$ 和 $x = a$ 有极小值.

练习 3 有一矩形铁片, 其边长分别为 a 和 b, $a \geqslant b$. 从此铁片的四个角各裁下边长为 $x < \dfrac{b}{2}$ 的一小正方形, 并将所剩材料制成一无盖 (长方体形的) 小盒, 此盒的底边长相应为 $a - 2x$ 和 $b - 2x$, 而高等于 x, 它的容积等于 $x(a - 2x) \cdot (b - 2x)$. 问 x 取何值时盒的容积最大?

答案: $x = \dfrac{1}{6}(a + b - \sqrt{a^2 - ab + b^2})$. 特别, 当 $a = b$ 时 $x = \dfrac{a}{6}$.

第 4 章

作下列各多项式 $f(x)$ 的图象.

练习 1 $f(x) = x^4 - px + q$ (见第 3 章,练习 1).

答案:利用第 3 章练习 1 所得的结果. 现在只需说明 $f(x)$ 的图象在什么条件下与横坐标轴相交,即说明 $f(x) = 0$ 是否有实根,有几个实根.

对于 $p \leqslant 0$,当 $q > 0$ 时方程 $f(x) = 0$ 无实根,当 $q < 0$ 时有两个实根,如果 $p = 0$, $q = 0$,则 $x = 0$ 是 $f(x) = 0$ 的四重根;当 $p < 0, q = 0$ 时,$x = 0$ 是 $f(x) = 0$ 的二重根.

当 $p > 0$ 和 $q < 0$ 时,方程 $f(x) = 0$ 有两个实根. 对于 $p > 0$ 和 $q > 0$,当 $\dfrac{p^2}{4} - q > 0$ 时,$f(x) = 0$ 有四个实根;当 $\dfrac{p^2}{4} - q < 0$ 时,$f(x) = 0$ 无实根. 如果 $q > 0$ 而 $\dfrac{p^2}{4} - q = 0$,则有两个二重根 $x = \sqrt{\dfrac{p}{2}}$ 和 $x = -\sqrt{\dfrac{p}{2}}$. 如果 $p > 0$ 和 $q = 0$,则 $f(x) = 0$ 有三个实根,其中一个是二重根.

练习 2 $f(x) = 3x^5 - 5(a^2 + b^2)x^3 + 15a^2b^2x$ (见第 3 章练习 2).

答案:第 3 章练习 2 研究过多项式 $f(x)$ 之图象的大部分性质. 需要说明图象与横坐标轴相交,有 1 个交点的条件及多于 1 个交点的条件. 如果交点多于 1 个,则指出交点的个数.

当 $\dfrac{a^2}{b^2} > 5$ 时,方程 $f(x) = 0$ 有 5 个不同实根;当 $\dfrac{a^2}{b^2} < 5$ 时,它有 1 个实根;当 $\dfrac{a^2}{b^2} = 5$ 时,它有 3 个不同实根,其中有两个是二重根.

练习 3 对系数 a_1, a_2, a_3 的不同值,讨论多项式

$$y = q(x) = x^3 + a_1 x^2 + a_2 x + a_3 \tag{7}$$

有几个实根.

答案:考虑方程

$$f(x) = x^3 - px = c \tag{8}$$

显然,当 $p < 0$ 时此方程只有一个实根. 当 $p = 0$ 时,如果 $c \neq 0$,则方程(8)也只有一个实根;而若 $c = 0$,则 $x = 0$ 是方程(8)的三重根. 对于 $p > 0$,假设

$$f(x_2) \leqslant c \leqslant f(x_1) \tag{9}$$

其中

$$f(x_1) = \frac{2p}{3}\sqrt{\frac{p}{3}}, \quad f(x_2) = -\frac{2p}{3}\sqrt{\frac{p}{3}}$$

这样(9)可以写成

$$|c| \leqslant \frac{2p}{3}\sqrt{\frac{p}{3}} \tag{10}$$

那么,当 $|c| < \dfrac{2p\sqrt{\dfrac{p}{3}}}{3}$ 时,方程(8)有三个不同实根;当 $|c| = \dfrac{2p\sqrt{\dfrac{p}{3}}}{3}$,即 $c =$

$f(x_1)$ 或 $c = f(x_2)$ 时,方程(8)有两个不同实根,其中一个是二重根. 对于 $p > 0$,如果(9)不满足,则方程(8)只有一个实根.

多项式(7)可以化为

$$\eta = f(\xi) = \xi^3 - p\xi \tag{11}$$

这时相应的变换公式为

$$x = \xi + \alpha, \quad y = \eta + \beta \tag{12}$$

此乃坐标系的平移变换. 将(12)代入(7),经过整理,可得

$$\eta = \xi^3 + (3\alpha + a_1)\xi^2 + (3\alpha^2 + 2a_1\alpha - a_2) +$$
$$(\alpha^3 + a_1\alpha^2 + a_2\alpha + a_3 - \beta) \tag{13}$$

为通过变换(12)把式(7)化为式(11),必须满足条件

$$3\alpha + a_1 = 0$$
$$\alpha^3 + a_1\alpha^2 + a_2\alpha + a_3 - \beta = 0 \tag{14}$$

由方程组(14)的第一个方程,得

$$\alpha = -\frac{a_1}{3} \tag{15}$$

将 $\alpha = -\dfrac{a_1}{3}$ 代入方程组(14)的第二个方程,得

$$\beta = \frac{2a_1^3}{27} - \frac{a_1 a_2}{3} + a_3 \tag{16}$$

当 α 和 β 分别由(15)和(16)两式给出时,可以把式(13)写成

$$\eta = f(\xi) = \xi^3 - p\xi \tag{17}$$

其中

$$p = \frac{a_1^2}{3} - a_2 \tag{18}$$

立方抛物线(7)与立方抛物线(17)的几何形状一样. 立方抛物线(17)的几何形状依赖于 p(18)参数的符号.

我们现在讨论多项式 $g(x)$(见式(7))的实根的个数. 多项式 $g(x)$ 与 $f(\xi)$ 之间有如下关系

$$f(\xi) = g(x) - \beta$$

因此,多项式 $g(x)$ 的实根的个数与多项式 $f(\xi) + \beta$(即方程 $f(\xi) = -\beta$)的实根的个数相同. 关于方程 $f(\xi) = -\beta$ 的实根的个数已经讨论过(见(8)). 从而,当 $p < 0$ 时(见(18)),多项式 $g(x)$ 有一个实根;当 $p = 0$,而 $\beta \neq 0$ 时(见(16)),多项式 $g(x)$ 有一个实根.

现在讨论 $p > 0$ 的情形. 如果式(16)的 β 满足条件(见(10))

$$|\beta| \leqslant \frac{2}{3\sqrt{3}} p^{\frac{3}{2}} \tag{19}$$

则多项式 $g(x)$ 有三个实根,但是当(19)为等式时有两个实根,其中一个是二重根. 将式(16)的 β 和式(18)的 p 代入(19),然后将不等式两侧同时平方,则条件(19)化为

$$\left(\frac{2a_1^3}{27} - \frac{a_1 a_2}{3} + a_3\right)^2 \leqslant \frac{4}{27}\left(\frac{a_1^2}{3} - a_2\right)^3 \tag{20}$$

当 $p < 0$ 时不等式(20)右侧为负值,而不等式的左侧却只能取正值. 由此可见,如果条件(20)满足,则 p 不可能小于 0. 因此条件(20)是多项式 $g(x)$ 有三个实根的判别准则.

我们现在研究 4 次多项式

$$y = h(x) = x^4 + b_1 x^3 + b_2 x^2 + b_3 x + b_4$$

的图象. 为说明图象的形状,需要研究多项式

$$h'(x) = 4x^3 + 3b_1 x^2 + 2b_2 x + b_3$$

的性质. $h'(x)$ 是一个三次多项式,前面已经讨论过它的实根的个数问题.

因为当 $x \to -\infty$ 和 $x \to +\infty$ 时,多项式 $h(x)$ 的值递增,并且其值都保持大于 0,所以如果 $h'(x)$ 只有一个实根,那么多项式 $h(x)$ 就只有一个极小值. 如果多项式 $h'(x)$ 有三个不同实根,则多项式 $h(x)$ 有两个极小值和一个极大值. 图 1 中 a),b)在这两种情形下分别给出函数 $h(x)$ 的图象. 图 5c)是两个实根重合的情形下的图象.

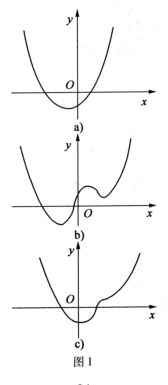

a)

b)

c)

图 1

61

练习 4 假设

$$f''(x_0) = 0, \quad f'''(x_0) \neq 0$$

其中 $f'''(x)$ 是 $f(x)$ 的三阶导数,即 $f''(x)$ 的一阶导数

$$f'''(x) = [f''(x)]'$$

试证明函数 $y = f(x)$ 的图象当 $x = x_0$ 时有拐点.

第 5 章

练习 1 作下列函数

$$y = \sin x$$
$$y = \cos x$$

的图象.

找出 $\sin x$ 和 $\cos x$ 的递增区间和递减区间,求出它们的极大值点和极小值点. 找出函数图象与横坐标轴的交点,求出它们图象上的拐点.

练习 2 作函数

$$y = \tan x$$

的图象.

答案:由于 $\tan x$ 是周期函数,周期为 π,即

$$\tan(x + k\pi) = \tan x$$

其中 k 是任意整数. 为作 $\tan x$ 的全部图象,只需先作出它在区间 $-\dfrac{\pi}{2} < x < \dfrac{\pi}{2}$ 上的图象. 在此区间上,函数 $\tan x$ 从 $-\infty$ 递增到 $+\infty$,当 $x = 0$ 时 $\tan x = 0$,而且图象在 $x = 0$ 有拐点. 为由此得到全部图象,只需把它在区间 $-\dfrac{\pi}{2} < x < \dfrac{\pi}{2}$ 上的图象分别沿横坐标轴平移 $k\pi$,其中 k 是任意整数. 每经一次平移就得到 $\tan x$ 图象的一支,而且各支两两不相交.

练习 3 作函数

$$y = f(x) = \frac{a}{x}$$

的图象,其中 a 是一正数.

答案:函数 $f(x)$ 在点 $x = 0$ 无定义,因此它的图象由两支构成:一支在第一象限,而另一支在第三象限. 因为

$$\left(\frac{a}{x}\right)' = -\frac{a}{x^2}$$

故 $f(x)$ 的每一支都是递减的. 现在更仔细地讨论 $x > 0$ 的情形. 如果 x 自原点的右侧接近 0,则函数 $f(x)$ 无限增大,图象无限地接近纵坐标轴;当 x 无限增大时,函数 $f(x)$ 趋向于 0,其图象随 x 增大而越来越接近横坐标轴.

所给函数关系可以写成

$$xy = a$$

易见,此方程所决定的曲线关于第一和第三象限角的平分线对称.

练习 4 作函数

$$y = f(x) = x^2 \cos x$$

的图象.

答案:易见 $f(x)$ 是偶函数,即 $f(-x) = f(x)$. 因此函数 $f(x)$ 的图象关于纵坐标轴对称,从而只需充分讨论当 $x \geqslant 0$ 时 $f(x)$ 图象的特点. 当 $x \neq 0$ 时, $x^2 \cos x$ 与 $\cos x$ 同号. 由此可见,当 $x > \dfrac{\pi}{2}$ 时, $x^2 \cos x$ 图象的波动特点与 $\cos x$ 的图象类似,不过 $x^2 \cos x$ 图象的波动幅度越来越大,因为 $\cos x$ 要乘以 x^2. 显然,在横轴上方的每一个波峰上函数 $x^2 \cos x$ 达到极大值,而在横轴下边的每一个波谷的最低点函数达到极小值. 现在需要较仔细地研究函数 $f(x)$ 在 $-\dfrac{\pi}{2} \leqslant x \leqslant \dfrac{\pi}{2}$ 上的图象. 在这个区间的端点上 $\cos x = 0$,从而函数 $f(x) = x^2 \cos x$ 的值也是 0;在此区间内的每一点上 $\cos x > 0$,从而 $f(x) = x^2 \cos x \geqslant 0$. 在点 $x = 0$,函数 $f(x)$ 的图象通过原点,函数 $f(x)$ 在此达到极小值. 在区间 $0 \leqslant x \leqslant \dfrac{\pi}{2}$ 之内点上, $f(x) > 0$,而在两个端点上 $f(x) = 0$,从而 $f(x)$ 在此区间上有极大值. 为求函数 $f(x)$ 的极大值点和极小值点,需要解方程 $f'(x) = 0$,即

$$2x \cos x - x^2 \sin x = 0$$

等式两侧同除以 $x^2 \cos x$ 后,再移项,立即得方程

$$\frac{2}{x} = \tan x$$

因此,为求 $f(x) = x^2 \cos x$ 的极大值点和极小值点,需求曲线 $y = \dfrac{2}{x}$ 与曲线 $y = \tan x$ 的交点. 由于当 x 无限增大时,函数 $y = \dfrac{2}{x}$ 的图象越来越靠近横轴,所以对充分大的 x,方程 $\dfrac{2}{x} = \tan x$ 的解十分接近方程 $\tan x = 0$ 的解,即近似地等于 $k\pi$,其中 k 是整数. 几何上容易看到,方程 $\dfrac{2}{x} = \tan x$ 的解实际上略微大于 $k\pi$. 由此可见,函数 $f(x)$ 的极大值点和 $\cos x$ 的极大值点基本重合,只是当 $x > 0$

时前者在后者的稍右一些,而 $x < 0$ 时前者在后者的稍左一些. 对于极小值点,情况也类似.

练习 5　利用第 5 章的法则,求第 1 章练习 1~8 中的函数 $f(x)$ 的导数.

求下列函数 $f(x)$ 的导数(练习 6~8).

练习 6　$f(x) = (\sin x)^n$.

答案:$f'(x) = n(\sin x)^{n-1} \cos x$.

练习 7　$f(x) = \sin x^n$.

答案:$f'(x) = nx^{n-1} \cos x^n$.

练习 8　$f(x) = \sqrt[n]{x}$.

答案:$f'(x) = \dfrac{1}{n \sqrt[n]{x^{n-1}}}$.

练习 9　假设 $\psi(y)$ 是给定函数,y 是自变量,$\psi'(y)$ 是 $\psi(y)$ 对 y 的导数. 现在令 $y = ax$,其中 a 是一常数. 记

$$f(x) = \psi(ax)$$

试求函数 $f(x)$ 对 x 的导数 $f'(x)$.

答案:$f'(x) = a\psi'(ax)$.

为求 $f'(x)$ 应首先求 $\psi(y)$ 对 y 的导数 $\psi'(y)$,其次把 y 换成 ax,最后再乘以 $(ax)' = a$. 事实上,由第 5 章的(16)可见

$$f'(x) = \psi'(ax)(ax)' = \psi'(ax) \cdot a$$

练习 10　假设 $\psi(y)$ 是给定的函数,y 是自变量. 函数 $\psi(y)$ 对自变量 y 的导数记作 $\psi'(y)$. 现在令 $y = x + a$,其中 a 是一常数. 记

$$f(x) = \psi(x + a)$$

试求函数 $f(x)$ 对 x 的导数.

答案:$f'(x) = \psi'(a + x)$.

为求 $f'(x)$,首先求函数 $\psi(y)$ 对 y 的导数 $\psi'(y)$,其次把 y 换成 $x + a$,最后再乘以 $(a + x)' = 1$. 这样,由第 5 章的(16)可见

$$f'(x) = \psi'(x + a) \cdot (x + a)' = \psi'(x + a)$$

练习 11　假设给定一函数

$$\psi(y) = \sin y \tag{21}$$

其中 y 属于 $-\dfrac{\pi}{2} \leqslant y \leqslant \dfrac{\pi}{2}$. 因为

$$\sin' y = \cos y$$

所以对区间 $\left[-\dfrac{\pi}{2}, \dfrac{\pi}{2} \right]$ 内的点,有

$$(\sin y)' = \cos y > 0$$

在第 5 章之(20)的记号下,有

$$b_1 = -\frac{\pi}{2}, b_2 = \frac{\pi}{2}$$

$$a_1 = \sin\left(-\frac{\pi}{2}\right) = -1, a_2 = \sin\frac{\pi}{2} = 1$$

因此,方程(21)关于 y 的解 $y = \varphi(x)$ 的定义域为

$$-1 \leqslant x \leqslant 1$$

我们把这个解记作 $\varphi(x) = \arcsin x$. 因而

$$\sin(\arcsin x) = x$$

由于 $x = \psi(y) = \sin y$ 和 $y = \varphi(x) = \arcsin x$ 互为反函数,可见

$$\arcsin(\sin y) = y \tag{22}$$

试利用第 5 章公式(21)求函数 $\arcsin x$ 的导数 $(\arcsin x)'$

答案

$$(\arcsin x)' = \frac{1}{\sqrt{1-x^2}} \tag{23}$$

解 由第 5 章之(21)可见

$$\arcsin' x = \frac{1}{\psi'(y)} = \frac{1}{(\sin y)'} = \frac{1}{\cos y}$$

现在需要把 y 换成 x 的函数,从而把 $\frac{1}{\cos y}$ 表示成 x 的函数. 由于 $x = \sin y$,可见

$$\cos y = \sqrt{1-x^2}$$

由此可见式(23)成立. 因为

$$\sin'\left(-\frac{\pi}{2}\right) = \cos\left(-\frac{\pi}{2}\right) = 0$$

所以由(23)可见 $\arcsin x$ 的导数 $\arcsin' x$ 在点 $x = \pm 1$ 为无穷大.

练习12 函数 $y = \arccos x$ 是由方程

$$\cos y = x$$

所决定的函数,它满足恒等式

$$\cos(\arccos x) = x$$

试求函数 $\arccos x$ 的导数 $\arccos' x$.

答案 $$\arccos' x = -\frac{1}{\sqrt{1-x^2}} \tag{24}$$

练习13 函数 $y = \arctan x$ 是方程

$$\tan y = x$$

的解,并且满足条件 $|\arctan x| < \frac{\pi}{2}$ 和恒等式

$$\tan(\arctan x) = x$$

试利用第 5 章公式(16)求函数 $\arctan x$ 的导数 $\arctan' x$.

答案

$$\arctan' x = \frac{1}{1 + x^2} \tag{25}$$

练习 14　求函数

$$f(x) = \arcsin x + x \sqrt{1 - x^2} \tag{26}$$

的导数.

答案:$f'(x) = 2 \sqrt{1 - x^2}.$ \hfill (27)

第 6 章

练习 1　求函数 $f(x) = x^3 - px$ 的原函数 $h(x)$.

答案:$h(x) = \frac{1}{4}x^4 - \frac{p}{2}x^2.$

练习 2　求函数 $f(x) = \sqrt{r^2 - x^2}$ 的原函数.

答案

$$h(x) = \frac{r^2}{2}\arcsin \frac{x}{r} + \frac{x}{2}\sqrt{r^2 - x^2} \tag{28}$$

为证(28),令

$$\psi(y) = \arcsin y + y \sqrt{1 - y^2}$$

由(27)知

$$\psi'(y) = 2 \sqrt{1 - y^2} \tag{29}$$

现在求函数 $\psi\left(\dfrac{x}{r}\right)$ 的导数. 由第 5 章练习 9 的公式可见

$$\left[\psi\left(\frac{x}{r}\right)\right]' = \frac{1}{r}\psi'\left(\frac{x}{r}\right)$$

由此可以得到(28).

练习 3　所谓微分方程在数学的应用中占有重要地位. 在微分方程中未知的是函数,它不但含有未知函数,而且还含有未知函数的导数. 方程

$$f''(t) + \omega^2 f(t) = 0 \tag{30}$$

是一种最简单然而又十分重要的微分方程,其中 t 是自变量,$f(t)$ 是未知函数. 现在说明在力学中这种方程是怎样出现的. 考察质点沿某直线(坐标轴)的运

动. 以 x 表示运动质点的坐标. 质点的运动由方程

$$x = f(t)$$

来描绘, 其中 t 表示时间, 而 x 是质点在时刻 t 的坐标. 假设运动质点的质量为 m. 作用于质点的力指向原点, 并且力的大小与质点到原点的距离成正比, 即作用力等于 $-kx$, 其中 $k > 0$ 是常系数. 那么, 由牛顿第二定律, 有

$$mf''(t) = -kf(t)$$

其中左侧是质量 m 乘加速度 $f''(t)$, 而右侧是作用力. 由于 $\dfrac{k}{m}$ 是正数, 故可以令 $\dfrac{k}{m} = \omega^2$, 从而得形如(30)的方程. 我们的目的是求方程(30)的解. 更确切地说, 求方程(30)的所有解, 因为这样方程的解不唯一.

  答案: 方程(30)的每一个解都可以写为

$$f(t) = a\sin(\omega t + \alpha) \tag{31}$$

其中 a 和 α 是常数.

  解 首先证明, 如果 $f_1(t)$ 和 $f_2(t)$ 是方程(30)的两个解, 即它们满足恒等式

$$f_1''(t) + \omega^2 f_1(t) = 0$$
$$f_2''(t) + \omega^2 f_2(t) = 0 \tag{32}$$

则对于任意常数 C_1 和 C_2

$$f(t) = C_1 f_1(t) + C_2 f_2(t) \tag{33}$$

也是方程(30)的解. 事实上, 把(33)左侧 $f(t)$ 代入(30), 得

$$C_1 f_1''(t) + C_2 f_2''(t) + C_1\omega^2 f_1(t) + C_2\omega^2 f_2(t) =$$
$$C_1[f_1''(t) + \omega^2 f_1(t)] + C_2[f_2''(t) + \omega^2 f_2(t)] = 0$$

(见(32)).

  其次证明函数

$$f_1(t) = \sin \omega t$$
$$f_2(t) = \cos \omega t \tag{34}$$

是方程(30)的解. 事实上, 在(30)中用 $\sin \omega t$ 代替 $f(t)$, 得

$$(\sin' \omega t)' + \omega^2 \sin \omega t = (\omega\cos \omega t)' + \omega^2 \sin \omega t =$$
$$-\omega^2 \sin \omega t + \omega^2 \sin \omega t = 0$$

同样, 在(30)中用 $\cos \omega t$ 代替 $f(t)$, 得

$$(\cos' \omega t)' + \omega^2 \cos \omega t = (-\omega\sin \omega t)' + \omega^2 \cos \omega t =$$
$$-\omega^2 \cos \omega t + \omega^2 \cos \omega t = 0$$

因此由(33)知

$$f(t) = C_1\sin \omega t + C_2\cos \omega t \tag{35}$$

是方程(30)的解.

现在证明方程(30)的任一解 $f(t)$ 都可以表示为(35). 事实上, 假设 $f_1(t)$ 和 $f_2(t)$ 是方程(30)的任意两个解(见(32)). 建立如下辅助函数

$$g(t) = f_1(t)f_2'(t) - f_1'(t)f_2(t) \qquad (36)$$

那么

$$g'(t) = 0 \qquad (37)$$

因为

$$g'(t) = f_1'(t)f_2'(t) + f_1(t)f_2''(t) - f_1''(t)f_2(t) - f_1'(t)f_2'(t) =$$
$$f_1(t)[f_2''(t) + \omega^2 f_2(t)] -$$
$$f_2(t)[f_1''(t) + \omega^2 f_1(t)] = 0$$

由此可见 $g(t)$ 是常数, 即

$$f_1(t)f_2'(t) - f_1'(t)f_2(t) = C \qquad (38)$$

假设 $f(t)$ 是方程(30)的任一解. 在式(38)中令

$$f_1(t) = f(t)$$
$$f_2(t) = \sin \omega t$$

得

$$f(t)\omega\cos \omega t - f'(t)\sin \omega t = C_2\omega \qquad (39)$$

把

$$f_1(t) = f(t)$$
$$f_2(t) = \cos \omega t$$

代入式(38), 得

$$-f(t)\omega\sin \omega t - f'(t)\cos \omega t = -C_1\omega \qquad (40)$$

其中 $-C_1\omega$ 和 $C_2\omega$ 是任意常数. 从式(39)和式(40)中消去 $f'(t)$. 为此将式(39)乘以 $\cos \omega t$, 则式(40)乘以 $\sin \omega t$, 并由后者减去前者, 得

$$f(t)\omega\cos^2 \omega t + f(t)\omega\sin^2 \omega t =$$
$$C_2\omega\cos \omega t + C_1\omega\sin \omega t$$

由此立即得式(35).

最后, 选 a 和 α, 使

$$C_1 = a\cos \alpha$$
$$C_2 = a\sin \alpha$$

(这显然总是可以做到的). 那么, $f(t)$ 可以写成

$$f(t) = a\cos \alpha\sin \omega t + a\sin \alpha\cos \omega t = a\sin(\omega t + \alpha)$$

于是, 方程(30)的解都可以写成(31).

方程

$$x = a\sin(\omega t + \alpha) \tag{41}$$

描绘点 x 的振动，a 是振幅，而 α 是初相. 如果令 $\omega = \dfrac{2\pi}{T}$，则由方程(41)，得

$$x = a\sin\left(\frac{2\pi t}{T} + \alpha\right)$$

其中 T 是振动方程(41)的周期.

第 7 章

练习1 考虑立方抛物线 L，其方程为

$$y = f(x) = x^3 - px$$

其中 p 是正数. 函数 $f(x)$ 的图象与横轴有三个交点 A_{-1}，A_0 和 A_1，其横坐标相应为 $-\sqrt{p}$，0，$\sqrt{p}$. 以 L_1 表示曲线 L 上自点 A_{-1} 到 A_0 的弧段. 弧段 L_1 位于横轴上方. 以 P 表示弧段 L_1 和线段 $[A_{-1}, A_0]$ 所围的图形. 试求图形 P 的面积 S.

答案：$S = \dfrac{p^2}{4}$.

解 由第 7 章公式(16)，知

$$S = \int_{\sqrt{p}}^{0} f(t)\,\mathrm{d}t \tag{42}$$

因为函数

$$h(x) = \frac{1}{4}x^4 - \frac{p}{2}x^2$$

是函数 $f(x)$ 的原函数，故可以求出定积分(42)

$$\int_{\sqrt{p}}^{0} f(t)\,\mathrm{d}t = h(0) - h(-\sqrt{p}) = \frac{p^2}{4}$$

因此

$$S = \frac{p^2}{4}$$

练习2 利用第 7 章公式(16)，求半径为 r 的圆的面积 S.

答案：$S = \pi r^2$.

解 取圆心为坐标原点. 那么，圆的方程为 $x^2 + y^2 = r^2$ 或

$$y = \pm\sqrt{r^2 - x^2}$$

我们先求位于坐标平面第一象限的四分之一圆的面积. 第一象限圆弧的方程为

$$y = \sqrt{r^2 - x^2}$$

其中 $0 \leqslant x \leqslant r$. 第一象限四分之一圆的面积可以通过定积分来求

$$\int_0^r \sqrt{r^2 - t^2}\,\mathrm{d}t$$

函数

$$h(x) = \frac{r^2}{2}\arcsin\frac{x}{r} + \frac{x}{2}\sqrt{r^2 - x^2}$$

是函数 $f(x)$ 的原函数(见第 6 章练习 2). 因此

$$\int_0^r \sqrt{r^2 - t^2}\,\mathrm{d}t = h(r) - h(0) = r^2 \cdot \frac{\pi}{4}$$

从而,圆的全面积为 πr^2.

第 8 章

练习 1 证明正项无穷级数

$$S = \frac{1}{1 \cdot 2} + \frac{1}{2 \cdot 3} + \frac{1}{3 \cdot 4} + \cdots + \frac{1}{n(n+1)} + \cdots \tag{43}$$

收敛,并求其知.

答案:$S = 1$.

解 为求级数(43)的和 S,我们先求其部分和

$$S_n = \frac{1}{1 \cdot 2} + \frac{1}{2 \cdot 3} + \frac{1}{3 \cdot 4} + \cdots + \frac{1}{n(n+1)}$$

注意到

$$\frac{1}{k(k+1)} = \frac{1}{k} - \frac{1}{k+1}$$

有

$$S_n = \frac{1}{1} - \frac{1}{2} + \frac{1}{2} - \frac{1}{3} + \frac{1}{3} - \frac{1}{4} + \cdots + \frac{1}{n} - \frac{1}{n-1} =$$

$$1 - \frac{1}{n+1}$$

由于当 n 无限增大时,部分和 S_n 趋向 1,可见无穷级数(43)的和等于 1.

第 10 章

练习 1 对于任意自然数 k,证明当 $x \to +\infty$ 时,函数

$$f(x) = \frac{e^x}{x^k}$$

趋向无穷大.

解 由第 10 章函数 e^x 的定义,知

$$e^x = \lim_{n \to +\infty} \left(1 + \frac{x}{n} \right)^n$$

由此可见

$$e^x > \gamma_n(k+1) \cdot \frac{x^{k+1}}{(k+1)!}$$

(见第 10 章 (7)).当 $n \to +\infty$ 时于不等式右侧求极限,得

$$e^x \geqslant \frac{x^{k+1}}{(k+1)!}$$

因而,当 $x > 0$ 时,有

$$f(x) = \frac{e^x}{x^k} > \frac{x^{k+1}}{(k+1)!x^k} = \frac{x}{(k+1)!}$$

显然,当 x 无限增大时,此不等式右侧趋向无穷,故 $f(x)$ 也趋向无穷.

第 11 章

练习 1 对于自然数 k,试证明当 $x \to +\infty$ 时,函数

$$f(x) = \frac{(\ln x)^k}{x}$$

趋向 0.

提示:利用第 10 章练习 1.

练习 2 作函数

$$y = f(x) = \frac{\ln x}{x}$$

的图象.

答案:当 $0 < x \leqslant e$ 时,函数 $f(x)$ 递增,并且 $-\infty < f(x) \leqslant \frac{1}{e}$;当 $e \leqslant x < +\infty$ 时,函数 $f(x)$ 递减,并且趋向 0. 函数在 $x = e$ 点有极大值.

练习 3 解微分方程

$$f'(x) = \lambda f(x) \tag{45}$$

其中 $f(x)$ 是未知函数,$\lambda \neq 0$ 为已知数.

答案

$$f(x) = Ce^{\lambda x} \tag{46}$$

其中 C 是任意常数.

解　将函数(46)代入方程(45),容易验证 $Ce^{\lambda x}$ 是方程(45)的解. 现在证明方程(45)的任何一个解 $f(x)$ 都可以表示为(46). 为此考虑辅助函数

$$g(x) = f(x)e^{-\lambda x} \tag{47}$$

并证明

$$g'(x) = 0$$

事实上,由(47)求导数,得

$$g'(x) = f'(x)e^{-\lambda x} - f(x)\lambda e^{-\lambda x} =$$
$$e^{-\lambda x}[f'(x) - \lambda f(x)] = 0$$

因此,函数(47)是常数,即

$$f(x)e^{-\lambda x} = C$$

由此立即得(46).

方程(45)描绘放射性衰变,其中 $f(t)$ 表示放射物体在时刻 t 所具有的质量. 当 τ 接近 t 时,可以认为放射物体在时间段 $[t, \tau]$ 的平均放射速度,即单位时间的平均施放量与它在时刻 t 的质量成正比,即

$$\frac{f(\tau) - f(t)}{\tau - t} = -\alpha f(t)$$

当 $\tau \to t$ 时求极限,得

$$f'(t) = -\alpha f(t)$$

由前面的讨论,知此方程的解为

$$f(t) = Ce^{-\alpha t} \tag{48}$$

如果在开始 $t = 0$ 时,放射物体的质量为 f_0,则把 $t = 0$ 代入(48),得

$$f_0 = f(0) = Ce^{-\alpha \cdot 0} = C$$

因而放射物体在时刻 t 的质量为

$$f(t) = f_0 e^{-\alpha t}$$

放射物体施放原有质量的一半所需用的时间称为半衰周期,记作 T_0. 由(48)可见,T_0 的值决定于方程

$$e^{-\alpha T_0} = \frac{1}{2}$$

即

$$T_0 = \frac{\ln 2}{\alpha}$$

练习4　容易验证 $\ln 1 = 0$. 由此及第11章公式(5)可见

$$\ln x = \int_1^x \frac{\mathrm{d}\xi}{\xi}$$

把此式当作函数 $\ln x$ 的定义,试证明它的基本性质

$$\ln(x_1 x_2) = \ln x_1 + \ln x_2$$

证明 $\ln y$ 的反函数,即方程

$$\ln y = x$$

的解 $y = \varphi(x)$ 就是函数 e^x.

第 13 章

练习 1 证明当 $x \to 0$ 时函数 $\sin \dfrac{1}{x}$ 没有极限. 进一步说明:可以选择趋向 0 的正数序列 $x_1, x_2, \cdots, x_k, \cdots$,使

$$\lim_{k \to +\infty} \sin \frac{1}{x_k} = c$$

其中 c 是介于 -1 和 1 之间的任意常数.

答案:令 $x_k = \dfrac{1}{2k\pi + \alpha}$,其中 $\alpha \geqslant 0$. 显然

$$\lim_{k \to \infty} x_k = 0, \ \lim_{k \to \infty} \sin \frac{1}{x_k} = \sin \alpha$$

练习 2 证明函数

$$f(x) = x\sin \frac{1}{x} \tag{49}$$

连续,但是在点 $x = 0$ 无导数.

答案:为求 $f'(0)$,先写出

$$\frac{f(\xi) - f(0)}{\xi - 0} = \frac{\xi \sin \dfrac{1}{\xi}}{\xi} = \sin \frac{1}{\xi} \tag{50}$$

因为当 $\xi \to 0$ 时,函数 $\sin \dfrac{1}{\xi}$ 无极限(练习 1),所以当 $\xi \to 0$ 时(50)也无极限,从而函数(49)在 $x = 0$ 无导数.

　　在笔者所策划的书后，笔者都忍不住会写上几句，以示对作者及读者的重视和尊重. 从读者反馈来看还是相当受欢迎的，特别是老同志. 西安有一位老读者退休前是从事新闻工作的，对数学一窍不通，但他还是在第一时间买了大量我工作室出品的书，据说专门为了读编后语，着实令人感动和惶恐. 但此类文字在终审中往往"受批". 给出的评语不外乎有这样几条：东拉西扯、言不及义、逮谁灭谁、相当刻薄. 虽然笔者没有闻过则喜的雅量，但还是非但不恼反而窃喜. 因为它正是作家王朔说他所喜欢的那类小说的全部标准. 他在评艾丹的《下个世纪见》时写道："'刻薄'在三十年代是上海左翼文人的强项. 很出了些语言棍子或曰大师. 可叹如今的上海文人字字圆润，句句光滑，不痛不痒，也许是有了人文精神便要代圣贤立言，不方便再耍嘴皮子了."最近有人评价王朔，说其是中国作家中最有思想的一位，笔者深以为然. 且笔者已年满五十，风格已定，想改也难. 就这样了，爱咋咋地吧！

　　本书作者是位俄罗斯体制内数学家.

　　托洛茨基曾说："我们这个体制说的是不劳动者不得食，而真正体现的是不服从者不得食，在政府是唯一雇主的国家里，反叛就等于饿死". 本书作者真正令人意外的是他是个盲人.

　　俄罗斯曾出过几位盲人数学家，但其中最著名的是本书作者庞特里亚金（Lev Semenovich Pontryagin, 1908—1988）. 庞特里亚金十四岁时因一场事故而失明，他的母亲肩负起了教育他的任务. 尽管母亲没受过多少数学训练，数学知识也不多，却可以给儿子朗读科学著作. 他们一起"发明"了许多表示数学符号的词语, 比如表示集合交集的符号叫作"下头", 而表示子集的符号叫作"右头", 等等. 1925年, 庞特里亚金十七岁进入了莫斯科大学, 从此他的数学天赋便充分展露, 人们对他无需动笔就能记住复杂公式的超强能力充满惊奇. 他成了莫斯科拓扑学派的顶尖人物, 在苏联时期仍和西方有着联系. 他最重要的贡献在拓扑学和同伦理论领域, 同时也在控制论等应用数学领域做出了贡献. (还健在的盲人数学工作者有莫斯科斯捷克洛夫数学研究所的维图什金 (A. G. Vitushkin), 他主要研究复分析)

本书是作者为前苏联中学生所写的教材.

著名历史学家陈寅恪在 70 岁时曾说: "中国书虽多, 不过基本几十种而已, 其他不过翻来覆去, 东抄西抄."

本书绝对是原创, 没有东抄西抄, 作者最有名的一部著作是《连续群》. 它被译成多国文字. 庞氏的体制内特征表现为: 大约在 1939 年, 他觉得自己从事的拓扑学研究对国家建设没有直接的关联, 便打算从事与实际联系较为紧密的学科. 一个偶然的机会他结识了研究振动理论的专家安德罗诺夫 (Aleksandr Aleksundrovich Andronov, 1901—1952 他的著作《振动理论》本工作室也有计划出版), 便立即组织讨论班从头学起. 此后他的工作方向为常微分方程, 振动理论和最优化理论. 他所提出的最优化原理, 已经成为该学科的经典.

庞特里亚金的生平, 在他写的自传中有详细记叙. 许多文献记载, 庞特里亚金在第二次世界大战之前是一位十分和善的人, 但却说他后来是反对犹太主义的倡导者. 在他自传里曾谈到要接管数学书籍出版事务领导权, 但没有成功. 这可能反映了苏联数学界内部的斗争.

1982 年, 巴金在一篇文章中谈到出版工作, 说:

"前些时候一个在出版社工作的亲戚告诉我, 有人夸奖他们是出版家, 不是出版商. 他似乎欣赏这种说法, 我就半开玩笑地说: 你不要做出版官啊!"

出版在中国, 多半是"官商". 他们虽然效率不及民营书商. 但眼界和品味应该说是高的. 本书只有在公立出版机构中才可能出版. 因为它的社会效益要远远大于经济效益.

1993 年 9 月 25 日《文汇读书周报》发表了一篇范用的文章. 他说:

"每一个读者都可以有他个人的爱好和志趣.但是出版社出什么书,应当有所选择,而且是慎重的选择,这就有高低优劣之分.'魔鬼归魔鬼,恺撒归恺撒.'让那些捞钱的,制造废纸的,靠所谓'轰动效应'骗钱的人干他们的,正直的出版工作者应当自信走一条正当的路,对得起读者、作者的路."

在目前的图书市场中本书一定是小众的.在文革前一、二年,由当时的中宣部副部长许立群主持召开了一次出版会议,传达说:毛主席一次接见外国客人,说了在王府井书店可以买到两个人的全集,一个是赫鲁晓夫,一个是蒋介石.当时决定《蒋介石全集》由人民出版社出版,《赫鲁晓夫全集》由世界知识出版社出版.待《蒋介石全集》出版时,开始拟印 1 000 套.这时毛泽东做了批示:"一千部太少,印它一万部".真乃大手笔,但那是伟人所为,而我们小人物只能小心地说:先印 2 000 册试试.

刘培杰
2013 年 11 月 1 日
于哈工大

哈尔滨工业大学出版社刘培杰数学工作室
已出版(即将出版)图书目录

书 名	出版时间	定 价	编号
新编中学数学解题方法全书(高中版)上卷	2007-09	38.00	7
新编中学数学解题方法全书(高中版)中卷	2007-09	48.00	8
新编中学数学解题方法全书(高中版)下卷(一)	2007-09	42.00	17
新编中学数学解题方法全书(高中版)下卷(二)	2007-09	38.00	18
新编中学数学解题方法全书(高中版)下卷(三)	2010-06	58.00	73
新编中学数学解题方法全书(初中版)上卷	2008-01	28.00	29
新编中学数学解题方法全书(初中版)中卷	2010-07	38.00	75
新编中学数学解题方法全书(高考复习卷)	2010-01	48.00	67
新编中学数学解题方法全书(高考真题卷)	2010-01	38.00	62
新编中学数学解题方法全书(高考精华卷)	2011-03	68.00	118
新编平面解析几何解题方法全书(专题讲座卷)	2010-01	18.00	61
新编中学数学解题方法全书(自主招生卷)	2013-08	88.00	261
数学眼光透视	2008-01	38.00	24
数学思想领悟	2008-01	38.00	25
数学应用展观	2008-01	38.00	26
数学建模导引	2008-01	28.00	23
数学方法溯源	2008-01	38.00	27
数学史话览胜	2008-01	28.00	28
数学思维技术	2013-09	38.00	260
从毕达哥拉斯到怀尔斯	2007-10	48.00	9
从迪利克雷到维斯卡尔迪	2008-01	48.00	21
从哥德巴赫到陈景润	2008-05	98.00	35
从庞加莱到佩雷尔曼	2011-08	138.00	136
数学解题中的物理方法	2011-06	28.00	114
数学解题的特殊方法	2011-06	48.00	115
中学数学计算技巧	2012-01	48.00	116
中学数学证明方法	2012-01	58.00	117
数学趣题巧解	2012-03	28.00	128
三角形中的角格点问题	2013-01	88.00	207
含参数的方程和不等式	2012-09	28.00	213

哈尔滨工业大学出版社刘培杰数学工作室
已出版(即将出版)图书目录

书　　名	出版时间	定　价	编号
数学奥林匹克与数学文化(第一辑)	2006-05	48.00	4
数学奥林匹克与数学文化(第二辑)(竞赛卷)	2008-01	48.00	19
数学奥林匹克与数学文化(第二辑)(文化卷)	2008-07	58.00	36
数学奥林匹克与数学文化(第三辑)(竞赛卷)	2010-01	48.00	59
数学奥林匹克与数学文化(第四辑)(竞赛卷)	2011-08	58.00	87
发展空间想象力	2010-01	38.00	57
走向国际数学奥林匹克的平面几何试题诠释(上、下)(第1版)	2007-01	68.00	11,12
走向国际数学奥林匹克的平面几何试题诠释(上、下)(第2版)	2010-02	98.00	63,64
平面几何证明方法全书	2007-08	35.00	1
平面几何证明方法全书习题解答(第1版)	2005-10	18.00	2
平面几何证明方法全书习题解答(第2版)	2006-12	18.00	10
平面几何天天练上卷·基础篇(直线型)	2013-01	58.00	208
平面几何天天练中卷·基础篇(涉及圆)	2013-01	28.00	234
平面几何天天练下卷·提高篇	2013-01	58.00	237
平面几何专题研究	2013-07	98.00	258
最新世界各国数学奥林匹克中的平面几何试题	2007-09	38.00	14
数学竞赛平面几何典型题及新颖解	2010-07	48.00	74
初等数学复习及研究(平面几何)	2008-09	58.00	38
初等数学复习及研究(立体几何)	2010-06	38.00	71
初等数学复习及研究(平面几何)习题解答	2009-01	48.00	42
世界著名平面几何经典著作钩沉——几何作图专题卷(上)	2009-06	48.00	49
世界著名平面几何经典著作钩沉——几何作图专题卷(下)	2011-01	88.00	80
世界著名平面几何经典著作钩沉(民国平面几何老课本)	2011-03	38.00	113
世界著名解析几何经典著作钩沉——平面解析几何卷	2014-01	38.00	273
世界著名数论经典著作钩沉(算术卷)	2012-01	28.00	125
世界著名数学经典著作钩沉——立体几何卷	2011-02	28.00	88
世界著名三角学经典著作钩沉(平面三角卷Ⅰ)	2010-06	28.00	69
世界著名三角学经典著作钩沉(平面三角卷Ⅱ)	2011-01	38.00	78
世界著名初等数论经典著作钩沉(理论和实用算术卷)	2011-07	38.00	126
几何学教程(平面几何卷)	2011-03	68.00	90
几何学教程(立体几何卷)	2011-07	68.00	130
几何变换与几何证题	2010-06	88.00	70
计算方法与几何证题	2011-06	28.00	129
立体几何技巧与方法	2014-05		293
几何瑰宝——平面几何500名题暨1000条定理(上、下)	2010-07	138.00	76,77
三角形的解法与应用	2012-07	18.00	183
近代的三角形几何学	2012-07	48.00	184
一般折线几何学	即将出版	58.00	203
三角形的五心	2009-06	28.00	51
三角形趣谈	2012-08	28.00	212
解三角形	2014-01	28.00	265
圆锥曲线习题集(上)	2013-06	68.00	255

哈尔滨工业大学出版社刘培杰数学工作室
已出版(即将出版)图书目录

书　名	出版时间	定　价	编号
俄罗斯平面几何问题集	2009—08	88.00	55
俄罗斯立体几何问题集	2014—03	58.00	283
俄罗斯几何大师——沙雷金论数学及其他	2014—01	48.00	271
来自俄罗斯的5000道几何习题及解答	2011—03	58.00	89
俄罗斯初等数学问题集	2012—05	38.00	177
俄罗斯函数问题集	2011—03	38.00	103
俄罗斯组合分析问题集	2011—01	48.00	79
俄罗斯初等数学万题选——三角卷	2012—11	38.00	222
俄罗斯初等数学万题选——代数卷	2013—08	68.00	225
俄罗斯初等数学万题选——几何卷	2014—01	68.00	226
463个俄罗斯几何老问题	2012—01	28.00	152
近代欧氏几何学	2012—03	48.00	162
罗巴切夫斯基几何学及几何基础概要	2012—07	28.00	188

书　名	出版时间	定　价	编号
超越吉米多维奇——数列的极限	2009—11	48.00	58
Barban Davenport Halberstam 均值和	2009—01	40.00	33
初等数论难题集(第一卷)	2009—05	68.00	44
初等数论难题集(第二卷)(上、下)	2011—02	128.00	82,83
谈谈素数	2011—03	18.00	91
平方和	2011—03	18.00	92
数论概貌	2011—03	18.00	93
代数数论(第二版)	2013—08	58.00	94
代数多项式	2014—05		289
初等数论的知识与问题	2011—02	28.00	95
超越数论基础	2011—03	28.00	96
数论初等教程	2011—03	28.00	97
数论基础	2011—03	18.00	98
数论基础与维诺格拉多夫	2014—03	18.00	292
解析数论基础	2012—08	28.00	216
解析数论基础(第二版)	2014—01	48.00	287
数论入门	2011—03	38.00	99
数论开篇	2012—07	28.00	194
解析数论引论	2011—03	48.00	100
复变函数引论	2013—10	68.00	269
无穷分析引论(上)	2013—04	88.00	247
无穷分析引论(下)	2013—04	98.00	245

哈尔滨工业大学出版社刘培杰数学工作室

已出版（即将出版）图书目录

书　名	出版时间	定　价	编号
数学分析中的一个新方法及其应用	2013—01	38.00	231
数学分析例选：通过范例学技巧	2013—01	88.00	243
三角级数论（上册）（陈建功）	2013—01	38.00	232
三角级数论（下册）（陈建功）	2013—01	48.00	233
三角级数论（哈代）	2013—06	48.00	254
基础数论	2011—03	28.00	101
超越数	2011—03	18.00	109
三角和方法	2011—03	18.00	112
谈谈不定方程	2011—05	28.00	119
整数论	2011—05	38.00	120
随机过程（Ⅰ）	2014—01	78.00	224
随机过程（Ⅱ）	2014—01	68.00	235
整数的性质	2012—11	38.00	192
初等数论100例	2011—05	18.00	122
初等数论经典例题	2012—07	18.00	204
最新世界各国数学奥林匹克中的初等数论试题（上、下）	2012—01	138.00	144,145
算术探索	2011—12	158.00	148
初等数论（Ⅰ）	2012—01	18.00	156
初等数论（Ⅱ）	2012—01	18.00	157
初等数论（Ⅲ）	2012—01	28.00	158
组合数学	2012—04	28.00	178
组合数学浅谈	2012—03	28.00	159
同余理论	2012—05	38.00	163
丢番图方程引论	2012—03	48.00	172
平面几何与数论中未解决的新老问题	2013—01	68.00	229
历届美国中学生数学竞赛试题及解答（第一卷）1950—1954	2014—05		277
历届美国中学生数学竞赛试题及解答（第二卷）1955—1959	2014—05		278
历届美国中学生数学竞赛试题及解答（第三卷）1960—1964	2014—05		279
历届美国中学生数学竞赛试题及解答（第四卷）1965—1969	2014—05		280
历届美国中学生数学竞赛试题及解答（第五卷）1970—1972	2014—05		281

哈尔滨工业大学出版社刘培杰数学工作室
已出版(即将出版)图书目录

书　名	出版时间	定　价	编号
历届 IMO 试题集(1959—2005)	2006—05	58.00	5
历届 CMO 试题集	2008—09	28.00	40
历届加拿大数学奥林匹克试题集	2012—08	38.00	215
历届美国数学奥林匹克试题集:多解推广加强	2012—08	38.00	209
历届国际大学生数学竞赛试题集(1994—2010)	2012—01	28.00	143
全国大学生数学夏令营数学竞赛试题及解答	2007—03	28.00	15
全国大学生数学竞赛辅导教程	2012—07	28.00	189
历届美国大学生数学竞赛试题集	2009—03	88.00	43
前苏联大学生数学奥林匹克竞赛题解(上编)	2012—04	28.00	169
前苏联大学生数学奥林匹克竞赛题解(下编)	2012—04	38.00	170
历届美国数学邀请赛试题集	2014—01	48.00	270

书　名	出版时间	定　价	编号
整函数	2012—08	18.00	161
多项式和无理数	2008—01	68.00	22
模糊数据统计学	2008—03	48.00	31
模糊分析学与特殊泛函空间	2013—01	68.00	241
受控理论与解析不等式	2012—05	78.00	165
解析不等式新论	2009—06	68.00	48
反问题的计算方法及应用	2011—11	28.00	147
建立不等式的方法	2011—03	98.00	104
数学奥林匹克不等式研究	2009—08	68.00	56
不等式研究(第二辑)	2012—02	68.00	153
初等数学研究(Ⅰ)	2008—09	68.00	37
初等数学研究(Ⅱ)(上、下)	2009—05	118.00	46,47
中国初等数学研究　2009 卷(第 1 辑)	2009—05	20.00	45
中国初等数学研究　2010 卷(第 2 辑)	2010—05	30.00	68
中国初等数学研究　2011 卷(第 3 辑)	2011—07	60.00	127
中国初等数学研究　2012 卷(第 4 辑)	2012—07	48.00	190
中国初等数学研究　2014 卷(第 5 辑)	2014—02	48.00	288
数阵及其应用	2012—02	28.00	164
绝对值方程—折边与组合图形的解析研究	2012—07	48.00	186
不等式的秘密(第一卷)	2012—02	28.00	154
不等式的秘密(第一卷)(第 2 版)	2014—02	38.00	286
不等式的秘密(第二卷)	2014—01	38.00	268

哈尔滨工业大学出版社刘培杰数学工作室
已出版(即将出版)图书目录

书　名	出版时间	定　价	编号
初等不等式的证明方法	2010－06	38.00	123
数学奥林匹克问题集	2014－01	38.00	267
数学奥林匹克不等式散论	2010－06	38.00	124
数学奥林匹克不等式欣赏	2011－09	38.00	138
数学奥林匹克超级题库(初中卷上)	2010－01	58.00	66
数学奥林匹克不等式证明方法和技巧(上、下)	2011－08	158.00	134,135
近代拓扑学研究	2013－04	38.00	239
新编640个世界著名数学智力趣题	2014－01	88.00	242
500个最新世界著名数学智力趣题	2008－06	48.00	3
400个最新世界著名数学最值问题	2008－09	48.00	36
500个世界著名数学征解问题	2009－06	48.00	52
400个中国最佳初等数学征解老问题	2010－01	48.00	60
500个俄罗斯数学经典老题	2011－01	28.00	81
1000个国外中学物理好题	2012－04	48.00	174
300个日本高考数学题	2012－05	38.00	142
500个前苏联早期高考数学试题及解答	2012－05	28.00	185
546个早期俄罗斯大学生数学竞赛题	2014－03	38.00	285

书名	出版时间	定价	编号
博弈论精粹	2008－03	58.00	30
数学 我爱你	2008－01	28.00	20
精神的圣徒　别样的人生——60位中国数学家成长的历程	2008－09	48.00	39
数学史概论	2009－06	78.00	50
数学史概论(精装)	2013－03	158.00	272
斐波那契数列	2010－02	28.00	65
数学拼盘和斐波那契魔方	2010－07	38.00	72
斐波那契数列欣赏	2011－01	28.00	160
数学的创造	2011－02	48.00	85
数学中的美	2011－02	38.00	84

书名	出版时间	定价	编号
王连笑教你怎样学数学——高考选择题解题策略与客观题实用训练	2014－01	48.00	262
最新全国及各省市高考数学试卷解法研究及点拨评析	2009－02	38.00	41
高考数学的理论与实践	2009－08	38.00	53
中考数学专题总复习	2007－04	28.00	6
向量法巧解数学高考题	2009－08	28.00	54
高考数学核心题型解题方法与技巧	2010－01	28.00	86
高考思维新平台	2014－03	38.00	259
数学解题——靠数学思想给力(上)	2011－07	38.00	131
数学解题——靠数学思想给力(中)	2011－07	48.00	132
数学解题——靠数学思想给力(下)	2011－07	38.00	133
我怎样解题	2013－01	48.00	227

哈尔滨工业大学出版社刘培杰数学工作室
已出版(即将出版)图书目录

书　　名	出版时间	定　价	编号
2011 年全国及各省市高考数学试题审题要津与解法研究	2011—10	48.00	139
2013 年全国及各省市高考数学试题解析与点评	2014—01	48.00	282
新课标高考数学——五年试题分章详解(2007~2011)(上、下)	2011—10	78.00	140,141
30 分钟拿下高考数学选择题、填空题	2012—01	48.00	146
全国中考数学压轴题审题要津与解法研究	2013—04	78.00	248
高考数学压轴题解题诀窍(上)	2012—02	78.00	166
高考数学压轴题解题诀窍(下)	2012—03	28.00	167
格点和面积	2012—07	18.00	191
射影几何趣谈	2012—04	28.00	175
斯潘纳尔引理——从一道加拿大数学奥林匹克试题谈起	2014—01	18.00	228
李普希兹条件——从几道近年高考数学试题谈起	2012—10	18.00	221
拉格朗日中值定理——从一道北京高考试题的解法谈起	2012—10	18.00	197
闵科夫斯基定理——从一道清华大学自主招生试题谈起	2014—01	28.00	198
哈尔测度——从一道冬令营试题的背景谈起	2012—08	28.00	202
切比雪夫逼近问题——从一道中国台北数学奥林匹克试题谈起	2013—04	38.00	238
伯恩斯坦多项式与贝齐尔曲面——从一道全国高中数学联赛试题谈起	2013—03	38.00	236
卡塔兰猜想——从一道普特南竞赛试题谈起	2013—06	18.00	256
麦卡锡函数和阿克曼函数——从一道前南斯拉夫数学奥林匹克试题谈起	2012—08	18.00	201
贝蒂定理与拉姆贝克莫斯尔定理——从一个拣石子游戏谈起	2012—08	18.00	217
皮亚诺曲线和豪斯道夫分球定理——从无限集谈起	2012—08	18.00	211
平面凸图形与凸多面体	2012—10	28.00	218
斯坦因豪斯问题——从一道二十五省市自治区中学数学竞赛试题谈起	2012—07	18.00	196
纽结理论中的亚历山大多项式与琼斯多项式——从一道北京市高一数学竞赛试题谈起	2012—07	28.00	195
原则与策略——从波利亚"解题表"谈起	2013—04	38.00	244
转化与化归——从三大尺规作图不能问题谈起	2012—08	28.00	214
代数几何中的贝祖定理(第一版)——从一道 IMO 试题的解法谈起	2013—08	38.00	193
成功连贯理论与约当块理论——从一道比利时数学竞赛试题谈起	2012—04	18.00	180
磨光变换与范·德·瓦尔登猜想——从一道环球城市竞赛试题谈起	即将出版		
素数判定与大数分解	即将出版	18.00	199
置换多项式及其应用	2012—10	18.00	220
椭圆函数与模函数——从一道美国加州大学洛杉矶分校(UCLA)博士资格考题谈起	2012—10	38.00	219
差分方程的拉格朗日方法——从一道 2011 年全国高考理科试题的解法谈起	2012—08	28.00	200

哈尔滨工业大学出版社刘培杰数学工作室
已出版(即将出版)图书目录

书　名	出版时间	定　价	编号
力学在几何中的一些应用	2013—01	38.00	240
高斯散度定理、斯托克斯定理和平面格林定理——从一道国际大学生数学竞赛试题谈起	即将出版		
康托洛维奇不等式——从一道全国高中联赛试题谈起	2013—03	28.00	337
西格尔引理——从一道第18届IMO试题的解法谈起	即将出版		
罗斯定理——从一道前苏联数学竞赛试题谈起	即将出版		
拉克斯定理和阿廷定理——从一道IMO试题的解法谈起	2014—01	58.00	246
毕卡大定理——从一道美国大学数学竞赛试题谈起	即将出版		
贝齐尔曲线——从一道全国高中联赛试题谈起	即将出版		
拉格朗日乘子定理——从一道2005年全国高中联赛试题谈起	即将出版		
雅可比定理——从一道日本数学奥林匹克试题谈起	2013—04	48.00	249
李天岩—约克定理——从一道波兰数学竞赛试题谈起	即将出版		
整系数多项式因式分解的一般方法——从克朗耐克算法谈起	即将出版		
布劳维不动点定理——从一道前苏联数学奥林匹克试题谈起	2014—01	38.00	273
压缩不动点定理——从一道高考数学试题的解法谈起	即将出版		
伯恩赛德定理——从一道英国数学奥林匹克试题谈起	即将出版		
布查特—莫斯特定理——从一道上海市初中竞赛试题谈起	即将出版		
数论中的同余数问题——从一道普特南竞赛试题谈起	即将出版		
范·德蒙行列式——从一道美国数学奥林匹克试题谈起	即将出版		
中国剩余定理——从一道美国数学奥林匹克试题的解法谈起	即将出版		
牛顿程序与方程求根——从一道全国高考试题解法谈起	即将出版		
库默尔定理——从一道IMO预选试题谈起	即将出版		
卢丁定理——从一道冬令营试题的解法谈起	即将出版		
沃斯滕霍姆定理——从一道IMO预选试题谈起	即将出版		
卡尔松不等式——从一道莫斯科数学奥林匹克试题谈起	即将出版		
信息论中的香农熵——从一道近年高考压轴题谈起	即将出版		
约当不等式——从一道希望杯竞赛试题谈起	即将出版		
拉比诺维奇定理	即将出版		
刘维尔定理——从一道《美国数学月刊》征解问题的解法谈起	即将出版		
卡塔兰恒等式与级数求和——从一道IMO试题的解法谈起	即将出版		
勒让德猜想与素数分布——从一道爱尔兰竞赛试题谈起	即将出版		
天平称重与信息论——从一道基辅市数学奥林匹克试题谈起	即将出版		

哈尔滨工业大学出版社刘培杰数学工作室
已出版（即将出版）图书目录

书　名	出版时间	定　价	编号
艾思特曼定理——从一道 CMO 试题的解法谈起	即将出版		
一个爱尔特希问题——从一道西德数学奥林匹克试题谈起	即将出版		
有限群中的爱丁格尔问题——从一道北京市初中二年级数学竞赛试题谈起	即将出版		
贝克码与编码理论——从一道全国高中联赛试题谈起	即将出版		
帕斯卡三角形	2014—01	18.00	294
蒲丰投针问题——从 2009 年清华大学的一道自主招生试题谈起	2014—01	38.00	295
斯图姆定理——从一道"华约"自主招生试题的解法谈起	2014—01		296
许瓦兹引理——从一道加利福尼亚大学伯克利分校数学系博士生试题谈起	2014—01		297
拉格朗日中值定理——从一道北京高考试题的解法谈起	2014—01		298
拉姆塞定理——从王诗宬院士的一个问题谈起	2014—01		299
中等数学英语阅读文选	2006—12	38.00	13
统计学专业英语	2007—03	28.00	16
统计学专业英语（第二版）	2012—07	48.00	176
幻方和魔方（第一卷）	2012—05	68.00	173
尘封的经典——初等数学经典文献选读（第一卷）	2012—07	48.00	205
尘封的经典——初等数学经典文献选读（第二卷）	2012—07	38.00	206
实变函数论	2012—06	78.00	181
非光滑优化及其变分分析	2014—01	48.00	230
疏散的马尔科夫链	2014—01	58.00	266
初等微分拓扑学	2012—07	18.00	182
方程式论	2011—03	38.00	105
初级方程式论	2011—03	28.00	106
Galois 理论	2011—03	18.00	107
古典数学难题与伽罗瓦理论	2012—11	58.00	223
伽罗华与群论	2014—01	28.00	290
代数方程的根式解及伽罗瓦理论	2011—03	28.00	108
线性偏微分方程讲义	2011—03	18.00	110
N 体问题的周期解	2011—03	28.00	111
代数方程式论	2011—05	18.00	121
动力系统的不变量与函数方程	2011—07	48.00	137
基于短语评价的翻译知识获取	2012—02	48.00	168
应用随机过程	2012—04	48.00	187
概率论导引	2012—04	18.00	179
矩阵论（上）	2013—06	58.00	250
矩阵论（下）	2013—06	48.00	251

哈尔滨工业大学出版社刘培杰数学工作室
已出版(即将出版)图书目录

书　名	出版时间	定　价	编号
抽象代数:方法导引	2013－06	38.00	257
闵嗣鹤文集	2011－03	98.00	102
吴从炘数学活动三十年(1951～1980)	2010－07	99.00	32
吴振奎高等数学解题真经(概率统计卷)	2012－01	38.00	149
吴振奎高等数学解题真经(微积分卷)	2012－01	68.00	150
吴振奎高等数学解题真经(线性代数卷)	2012－01	58.00	151
高等数学解题全攻略(上卷)	2013－06	58.00	252
高等数学解题全攻略(下卷)	2013－06	58.00	253
高等数学复习纲要	2014－01	18.00	384
钱昌本教你快乐学数学(上)	2011－12	48.00	155
钱昌本教你快乐学数学(下)	2012－03	58.00	171
数贝偶拾——高考数学题研究	2014－01	28.00	274
数贝偶拾——初等数学研究	2014－01	38.00	275
数贝偶拾——奥数题研究	2014－01	48.00	276
集合、函数与方程	2014－01	28.00	300
数列与不等式	2014－01	38.00	301
三角与平面向量	2014－01	28.00	302
平面解析几何	2014－01	38.00	303
立体几何与组合	2014－01	28.00	304
极限与导数、数学归纳法	2014－01	38.00	305
趣味数学	即将出版		306
教材教法	即将出版		307
自主招生	即将出版		308
高考压轴题(上)	即将出版		309
高考压轴题(下)	即将出版		310
从费马到怀尔斯——费马大定理的历史	2013－10	198.00	I
从庞加莱到佩雷尔曼——庞加莱猜想的历史	2013－10	298.00	II
从切比雪夫到爱尔特希(上)——素数定理的初等证明	2013－07	48.00	III
从切比雪夫到爱尔特希(下)——素数定理100年	2012－12	98.00	III
从高斯到盖尔方特——虚二次域的高斯猜想	2013－10	198.00	IV
从库默尔到朗兰兹——朗兰兹猜想的历史	2014－01	98.00	V
从比勃巴赫到德布朗斯——比勃巴赫猜想的历史	2014－02	298.00	VI
从麦比乌斯到陈省身——麦比乌斯变换与麦比乌斯带	2014－02	298.00	VII
从布尔到豪斯道夫——布尔方程与格论漫谈	2013－10	198.00	VIII
从开普勒到阿诺德——三体问题的历史	2014－05	298.00	IX
从华林到华罗庚——华林问题的历史	2013－10	298.00	X

哈尔滨工业大学出版社刘培杰数学工作室
已出版(即将出版)图书目录

书　名	出版时间	定　价	编号
三角函数	2014－01	38.00	311
不等式	2014－01	28.00	312
方程	2014－01	28.00	314
数列	2014－01	38.00	313
排列和组合	2014－01	28.00	315
极限与导数	2014－01	28.00	316
向量	2014－01	38.00	317
复数及其应用	2014－01	28.00	318
函数	2014－01	38.00	319
集合	即将出版		320
直线与平面	2014－01	28.00	321
立体几何	2014－01	28.00	322
解三角形	即将出版		323
直线与圆	2014－01	18.00	324
圆锥曲线	2014－01	38.00	325
解题通法(一)	2014－01	38.00	326
解题通法(二)	2014－01	38.00	327
解题通法(三)	2014－01	38.00	328
概率与统计	2014－01	28.00	329
信息迁移与算法	即将出版		330

书　名	出版时间	定　价
第19～23届"希望杯"全国数学邀请赛试题审题要津详细评注(初一版)	2014－03	28.00
第19～23届"希望杯"全国数学邀请赛试题审题要津详细评注(初二、初三版)	2014－03	38.00
第19～23届"希望杯"全国数学邀请赛试题审题要津详细评注(高一版)	2014－03	28.00
第19～23届"希望杯"全国数学邀请赛试题审题要津详细评注(高二版)	2014－03	38.00

联系地址:哈尔滨市南岗区复华四道街 10 号　哈尔滨工业大学出版社刘培杰数学工作室

网　　址:http://lpj.hit.edu.cn/

邮　　编:150006

联系电话:0451－86281378　　13904613167

E-mail:lpj1378@163.com